U0560345

浙江大学文科高水平学术著作出版基金

国家社科基金重大项目
"马克思主义认识论与认知科学范式的相关性研究"（22&ZD034）

科技部科技创新2030"脑科学与类脑"重大项目（2021ZD0200409）

"神经科学与社会丛书"编委会

丛书主编

唐孝威　　罗卫东

执行主编

李恒威

丛书学术委员（按姓名拼音为序）

黄华新（浙江大学人文学院、浙江大学语言与认知研究中心）

马庆国（浙江大学管理学院、浙江大学神经管理学实验室）

盛晓明（浙江大学人文学院、浙江大学语言与认知研究中心）

叶　航（浙江大学经济学院、浙江大学跨学科社会科学研究中心）

神经科学与社会丛书

丛书主编：唐孝威　罗卫东
执行主编：李恒威

情识

意识的发明

SENTIENCE

THE INVENTION OF CONSCIOUSNESS

〔英〕尼古拉斯·汉弗莱（Nicholas Humphrey）　著

李恒威　徐怡　张静　译

ZHEJIANG UNIVERSITY PRESS
浙江大学出版社

·杭州·

图书在版编目(CIP)数据

情识 ：意识的发明 /（英）尼古拉斯·汉弗莱著；
李桓威，徐怡，张静译. — 杭州 ：浙江大学出版社，2024.8
（神经科学与社会丛书）
书名原文：Sentience：The Invention of Consciousnesse
ISBN 978-7-308-24852-5

Ⅰ．①情… Ⅱ．①尼… ②徐… ③张… Ⅲ．①意识—
研究 Ⅳ．①B842.7

中国国家版本馆CIP数据核字（2024）第078991号

Sentience: The Invention of Consciousness/ by Nicholas Humphrey

Copyright © 2024 by Nicholas Humphrey

Published by arrangement with Aevitas Creative Mangement UK Limited,
through The Grayhawk Agency Ltd.

浙江省版权局著作权合作登记图字：11-2024-133号

情识：意识的发明

[英]尼古拉斯·汉弗莱（Nicholas Humphrey）　著

李桓威　徐　怡　张　静　译

策划编辑	陈佩钰
责任编辑	宁　檬
责任校对	陈逸行
封面设计	雷建军
出版发行	浙江大学出版社
	（杭州市天目山路148号　邮政编码310007）
	（网址：http://www.zjupress.com）
排　　版	杭州晨特广告有限公司
印　　刷	杭州宏雅印刷有限公司
开　　本	710mm×1000mm　1/16
印　　张	11.25
字　　数	170千
版 印 次	2024年8月第1版　2024年8月第1次印刷
书　　号	ISBN 978-7-308-24852-5
定　　价	78.00元

版权所有　侵权必究　印装差错　负责调换

浙江大学出版社市场运营中心联系方式：0571-88925591；http://zjdxcbs.tmall.com

总　序

　　每门科学在开始时都曾是一粒隐微的种子,很多时代里它是在社会公众甚至当时主流的学术主题的视野之外缓慢地孕育和成长的;但有一天,当它变得枝繁叶茂、显赫于世时,无论是知识界还是社会公众,都因其强劲的学科辐射力、观念影响力和社会渗透力而兴奋不已,他们会对这股巨大力量产生深入的思考,甚至会有疑虑和隐忧。现在,这门科学就是神经科学。神经科学正在加速进入现实和未来;有人说,"神经科学正在把我们推向一个新世界";也有人说,"神经科学是第四次科技革命"。对这个新世界的革命,在思想和情感上,我们需要高度关注和未雨绸缪!

　　脑损伤造成的巨大病痛,以及它引起的令人瞩目或离奇的身心变化是神经科学发展的起源。但这个起源一开始也将神经科学与对人性的理解紧紧地联系在一起。早期人类将灵魂视为神圣,但在古希腊著名医师希波克拉底(Hippocrates)超越时代的见解中,这个神圣性是因为脑在其中行使了至高无上的权力:"人类应该知道,因为有了脑,我们才有了乐趣、欢笑和运动,才有了悲痛、哀伤、绝望和无尽的忧思。因为有了脑,我们才以一种独特的方式拥有了智慧、获得了知识;我们才看得见、听得到;我们才懂得美与丑、善与恶;我们才感受到甜美与无味……同样,因为有了脑,我们才会发狂和神志昏迷,才会被畏惧和恐怖所侵扰……我们之所以会经受这些折磨,是因为脑有了病恙……"即使在今天,希波克拉底的见解也是惊人的。这个惊人见解开启了两千年来关于灵与肉、心与身以及心与脑无尽的哲学思辨。历史留下了一连串的哲学理论:交互作用论、平行论、物质主义、观念主义、中立一元论、行为主义、同一性理论、功能主义、副现象论、涌现论、属性二元论、泛心论……对于后来者,它们会不会变成一处处曾经辉煌、供人凭吊的思想废墟呢?

1

现在心智研究走到了科学的前台,走到了舞台的中央,它试图通过理解心智在所有层次——从分子,到神经元,到神经回路,到神经系统,到有机体,到社会秩序,到道德体系,到宗教情感——的机制来解析人类心智的形式和内容。

20世纪末,心智科学界目睹了"脑的十年"(the decade of the brain),随后又有学者倡议"心智的十年"(the decade of the mind)。现在一些主要发达经济体已相继推出了第二轮的"脑计划"。科学界以及国家科技发展战略和政策的制定者非常清楚地认识到,脑与心智科学(认知科学、脑科学或神经科学)将在医学、健康、教育、伦理、法律、科技竞争、新业态、国家安全、社会文化和社会福祉方面产生革命性的影响。例如,在医学和健康方面,随着老龄化社会的迫近,脑的衰老及疾病(像阿尔茨海默病、帕金森综合征、亨廷顿病以及植物状态等)已成为影响人类健康、生活质量和社会发展的巨大负担。人类迫切需要理解这些复杂的神经疾病的机理,为社会福祉铺平道路。从人类自我理解的角度看,破解心智的生物演化之谜所产生的革命性影响,有可能使人类有能力介入自身的演化,并塑造自身演化的方向;基于神经技术和人工智能技术的人造智能与自然生物智能集成后会在人类生活中产生一些我们现在还无法清楚预知的巨大改变,这种改变很可能会将我们的星球带入一个充满想象的"后人类"社会。

作为理解心智的生物性科学,神经科学对传统的人文社会科学的辐射和"侵入"已经是实实在在的了:它衍生出一系列"神经X学",诸如神经哲学、神经现象学、神经教育学或教育神经科学、神经创新学、神经伦理学、神经经济学、神经管理学、神经法学、神经政治学、神经美学、神经宗教学等。这些衍生的交叉学科有其建立的必然性和必要性,因为神经科学的研究发现所蕴含的意义已远远超出这个学科本身,它极大地深化了人类对自身多元存在层面——哲学、教育、法律、伦理、经济、政治、美、宗教和文化等——的神经生物基础的理解。没有对这个神经生物基础的理解,人类对自身的认识就不可能完整。以教育神经科学为例,有了对脑的发育和发展阶段及运作机理的恰当认识,教育者就能"因地制宜"地建立更佳的教育实践和制定更适宜的教育政策,从而使各种学习方式——感知运动学习与抽象运算学习、正式学习与非正式学习、传授式学习与自然式学习——既能各得其所，又能自然地相互衔接和相得益彰。

"神经X学"对人文社会科学的"侵入"和挑战既有观念和方法的一面，也有情感的一面。这个情感的方面包括乐观的展望，但同时也是一种忧虑，即如果人被单纯地理解为复杂神经生物系统的过程、行为和模式，那么与生命相关的种种意义和价值——自由、公正、仁爱、慈悲、憧憬、欣悦、悲慨、痛楚、绝望——似乎就被科学完全蚕食掉了，人文文化似乎被此新一波神经科学文化的大潮淹没，结果人似乎成了一种生物机器，一具哲学僵尸（zombie）。但事实上，这个忧虑不可能成为现实，因为生物性从来只是人性的一个层面。相反，正像神经科学家斯蒂文·罗斯（Steven Rose）告诫的那样，神经科学需要自我警惕，它需要与人性中意义性的层面"和平共处"，因为"在'我'（别管这个'我'是什么意思）体验到痛时，即使我认识到参与这种体验的内分泌和神经过程，但这并不会使我体验到的痛或者愤怒变得不'真实'。一位陷入抑郁的精神病医生，即使他在日常实践中相信情感障碍缘于5-羟色胺代谢紊乱，但他仍然会超出'单纯的化学层面'而感受到存在的绝望。一个神经生理学家，即使能够无比精细地描绘出神经冲动从运动皮层到肌肉的传导通路，但当他'选择'把胳膊举过头顶时，仍然会感觉到他在行使'自由意志'"。在神经科学中，"两种文化"必须协调！

从社会的角度看，神经科学和技术在为人类的健康和福祉铺平道路的同时，还带来另一方面的问题，即它可能带来广泛而深刻的人类伦理问题。事实上，某些问题现在已经初露端倪。例如，我们该如何有限制地使用基因增强技术和神经增强技术？读心术和思维控制必须完全禁止吗？基因和神经决定论能作为刑事犯罪者免除法律责任的理据吗？纵观历史，人类发明的所有技术都可能被滥用，神经技术可以幸免吗？人类在多大程度上可承受神经技术滥用所带来的后果？技术可以应用到人类希望它能进入的任何可能的领域，对于神经技术，我们能先验地设定它进入的规则吗？至少目前，这些问题都还是开放的。

2013年年初，浙江大学社会科学研究院与浙江大学出版社联合设立了浙江大学文科高水平学术著作出版基金，以提升人文社会科学学术研究品质，鼓励学者潜心研究、勇于创新,通过策划出版一批国内一流、国际上有学术影响的精品力作,促进人文社会科学事业的进一步繁荣发展。

经过前期多次调研和讨论,基金管理委员会决定将神经科学与人文社会科学的互动研究列入首批资助方向。为此,浙江大学语言与认知研究中心、浙江大学物理系交叉学科实验室、浙江大学神经管理学实验室、浙江大学跨学科社会科学研究中心等机构积极合作,并广泛联合国内其他相关研究机构,推出"神经科学与社会"丛书。我们希望通过这套丛书的出版,能更好地在神经科学与人文社会科学之间架起一座相互学习、相互理解、相互镜鉴、相互交融的桥梁,从而在一个更完整的视野中理解人的本性和人类的前景。

唐孝威　罗卫东

2016 年 6 月 7 日

序　言
你好?(你好)(你好)

　　夜晚,莫哈韦沙漠(Mojave Desert)边缘的热水浴缸是一个让人滋生伟大想法的地方。

　　这里离圣地亚哥(San Diego)有好几个小时的车程,我在那里参加了一个有关人类演化的会议。我所住的旅馆四周都是仙人掌似的树木。摩门先驱(Mormon pioneers)称这种树木为约书亚树(Joshua trees),因为它们好似在向天空张开双臂。我仰卧在汩汩的流水中,凝视星海,沉浸在浩瀚的太空中。

　　那里有人吗?

　　如果银河系的某个地方有外星智能生物,它们可能和我凝望着同一片星空。它们能意识到像我一样的视觉感觉吗? 它们也能体验到繁星点缀的漆黑夜空吗?

　　我向后躺下,双臂向两旁伸出,握住浴缸的边缘。我感受到水在我皮肤上的温度,闻到沙漠中草的香气。我有血、有肉、有灵魂。这怎么可能?

　　"你好,外星人",要是你能听到我的话,你也有这种双重本性(dual nature)吗? 你头脑中亮着光吗? 你的感觉是否与我的感觉一样具有非物质的品质?

　　我想是这样的。我希望大家能分享。

　　我听到郊狼叫了一声,然后又叫了一声。地球上还有什么地方存在情识? 狗能像我一样感受到疼痛吗? 蚯蚓喜欢闻气味吗? 机器会有有意识的感受吗? 它们已经有了吗? 我们又如何知道?

　　又是狼叫声。它们已经抓住了一只兔子吗? 可怜的兔子。上一分钟它

1

还在舒服地挠着耳朵,下一分钟就被狼咬住了脖子。

该怎么说情识的缺点呢?哲学家叔本华(Schopenhauer)写道:"如果读者想知道世界上的快乐是否超过了痛苦,就让他比较一下这两只动物各自的感受,其中一只正在吃掉另一只。"

旁边的山谷里有一块岩石,它被风雕琢成了一个巨大的人类头骨形状。在耶路撒冷,耶稣被钉在十字架上的那座山被称为骷髅地(Skull Rock)——阿拉姆语为Golgotha,拉丁语为Calvary。叔本华也可以比较两个人的感受,其中一个将另一个钉在十字架上。

但假设像我们这样有意识的存在者没有在其他地方演化出来。

假设存在于地球上的意识只是演化过程中的一次意外。宇航员弗兰克·博尔曼(Frank Borman)从阿波罗8号的窗口望出去,说道:"地球是宇宙中唯一有颜色的东西。"严格来说,这不可能是真的。但是,地球是唯一存在颜色感觉的地方,这可能是真的,甚至可能是唯一存在感觉的地方,包括甜味、温暖、苦味、疼痛。哪一个会更好:一个没有快乐或眼泪的宇宙,还是一个两者都有的宇宙?哲学家托马斯·梅青格尔(Thomas Metzinger)同意叔本华的观点:净效用是负的。他说,如果有一个全知全能的"超级智能"能看透这世界的快乐和痛苦,并进行求和,它就会得出结论,自己有道德义务消灭有意识的生命。

我认为他错了。我们不只是靠面包活着。快乐和痛苦不可能涵盖一切至关重要的事情。但毫无疑问,它们是至关重要的。当我们有理由认为某人正在遭受痛苦时,我们就有责任关心他。有些人认为我们对任何有情识的存在者(sentient being)——人类、非人类,甚至机器人,都有同等的责任。这不是显而易见的,但它仍然可以是我们选择遵循的生活规则。在这种情况下,我们有责任去弄清楚这个世界上究竟什么是有意识的,什么是没有意识的。

挪威政府曾允许对1000多头鲸鱼进行漫长而残忍的捕杀,其中包括正在繁殖的雌鲸。但瑞士政府已经规定活煮龙虾是非法的,英国政府可能很快也会这样做。

笛卡儿(Descartes)认为只有人类才拥有感受,非人类动物都是无意识的机器。这很难让人相信。但也许有些动物是无意识的。一只飞蛾落在热水浴缸中,我把它舀出来,扔到一边。笛卡儿对飞蛾的看法可能是正确的。我希望他对飞蛾的看法是正确的。

笛卡儿的观点对外星生物来说也适用吗? 如果那里存在的生命形式只是跳起来的昆虫呢? 它们可能非常聪明,但仍然没有有意识的感受。我不认为智能与情识之间有任何必然的联系。

包括一些著名哲学家在内的许多人仍然不明白这一点。他们认为,如果章鱼能够解决一个四岁孩子都难以解决的拼图问题,那么它很有可能拥有与我们类似的感觉。

弗朗斯·德瓦尔(Frans de Waal)问:"我们是否聪明到能够知道动物有多聪明?"他写了一本出色的书,名为《妈妈的最后一抱》(*Mama's Last Hug*)。他确信动物拥有与我们一样的感受,但他所提出的证据不过是一连串聪明的小把戏。

那么"连续性论证"(argument from continuity)呢? 人们说,演化是一个渐进的过程,没有明显的间断。历史上没有任何一个点可以让我们能由此画出一条清晰的界线,以至于界线的一边是无意识的,而另一边是有意识的。因此,某种意识一定是一直延续下去的。

泛心论者是一群认为"意识无处不在"的理论家。他们相信意识是物理物质的基本属性,即使是一只茶杯也有一丁点有意识的感受。在我看来,泛心论是一个非常糟糕的观念。一丁点是什么样的? 谁的体验会是这样的?

在我看来,意识要么是完善的(fully fledged),要么就根本不存在。这当然是我的经验。当我睡醒或再次入睡时,我会突然进入意识或离开意识。为什么在演化的过程中不会有类似的突然转变呢? 在一个临界点上,我们的祖先突然醒来,灯亮了;或者说脑中的一小步,心智上的一次巨大飞跃。

有一颗移动的星星缓缓地划过天空。不,不是星星,是一颗人造卫星。

我们人类也走在成为外星人的道路上。很快,太空中就会出现有情识的存在者。但是我们,以人类的身体,无法超越太阳系。我们如果想探索恒星,就不得不派智能机器人来代替我们。这些机器人是有情识的机器人,像我们一样珍视自己的意识吗? 在它们的设计中需要什么额外的成分吗?

丹尼尔·希利斯(Daniel Hillis)认为,万维网(World Wide Web)仅仅由

于其复杂性已经变得有意识了,只是它还没有告诉我们。万维网会不会正在受到伤害呢？我们有义务关心它吗？

有一种常见的观点认为,当我们建造的机器人越来越复杂时,这样的事情就会发生:一旦达到一个阈值,情识就会作为一种属性出现,就像在演化中发生的一样。但我不认为在演化中发生过这种事,我相信回路必须通过自然选择被内建到我们祖先的脑中,以达到增加情识的特殊目的。

有很多人不同意我的观点。他们相当正确地指出只有当情识对生存产生积极影响时,它才会被选择。但是,随后他们会问,有什么证据能证明这会造成什么不同吗？

会造成什么不同吗？就我个人而言,我想说的是,这让世界大不相同:成为我与不成为我的区别！是的,但这样说并不能证明它是真的。我可能是在自欺欺人。许多人坚持认为我是在自欺欺人。

这需要一些扭转。

在英国,议会正在审议一项新的《动物福利法案（承认情识）》[Animal Welfare Bill（Recognition of Sentience）]。第1条就是"动物的情识"条款。国务大臣说,这将把"动物有情识,能够感受到痛苦和快乐"纳入英国法规。第一议会前法律顾问斯蒂芬·劳斯爵士（Sir Stephen Laws）在委员会阶段评论说:"公平地说,第1条中的所有概念似乎都存在这样或那样的问题。"

他是对的。这是一种哲学、科学、伦理和法律上的混乱。目前,我们不仅缺乏直接的证据,甚至在意识能延伸到什么程度方面缺乏一致意见。可以说,唯一能确定的就是我们自己的情况,其他都可以被合理地怀疑。然而,一直以来,我们都不得不表现得好像我们知道答案一样。

在那首关于石头、树木和云彩是否有意识感受的美妙诗作的结尾,玛丽·奥利弗（Mary Oliver）写道:"石头有感觉吗？"她抗议说,即使全世界都说这是不可能的,她也拒绝承认。"如果错了,那就太可怕了。"

我理解她,诗人拒绝向不可能低头,坚持不懈地想"如果……会怎样？"如果石头有感觉呢？我想说我同意全世界对石头的看法,我很确定石头没有感觉。但是龙虾、章鱼呢？

没错,犯错太可怕。但不负责任也不对,如果我们能找出什么是对的。

假设我们能够发现有意识的感受是如何在脑中产生的,以及它如何在动物的行为中表现出来。也许我们甚至可以进行诊断测试。

当阿基米德(Archimedes)洗澡的时候发现如何测试国王的王冠是不是纯金的时候,他跳出浴缸,赤裸着身体跑过锡拉库扎(Syracuse)的街道。我躺在沙漠中的浴缸里,等待着那个恍然大悟的时刻(Eureka moment)。

哲学家杰瑞·福多(Jerry Fodor)说:"我们丝毫不知道,脑,或任何其他物理的东西,如何成为意识体验的场所。这无疑是形而上学的终极奥秘之一,别指望有人能解决这个问题。"

看来,这或许是一个漫长的等待。

目　录

第1章 情识和意识

在序言中,我已经在很多地方随意使用了"情识"和"意识"这两个词语,而没有关注过它们的定义。当你在浴缸里放松时,就很容易这样做。事实上,当你坐在书桌前写学术论文时,也很容易这样做。我承认,有时我发现自己甚至会自相矛盾。

考虑到这个话题的严肃性,我就不能在语言上草率了。所以,从现在开始,我会更加小心谨慎,代价是更啰唆。

让我们先从"有情识的"(sentient)和"情识"(sentience)这两个词开始。形容词"有情识的"在17世纪早期就开始被使用,用来描述任何对感官刺激有反应的生物——人类或其他生物。但随后它的含义被缩小为强调体验的内在品质:对主体来说感觉感受起来是什么样的(what sensations feel like to the subject)。当人们开始讨论情识,即那种有情识的状态(在1839年出版的一本关于虐待动物的书①中这种讨论尤为突出)时,争论的焦点就是动物是否像我们体验感受一样体验它们的感受。

因此,至少在最初,人们是通过实例(ostension)来明确情识含义的。如果我们问另一种生物是不是有情识的,那么对这个问题的理解取决于我们能否举出个人事例来说明对我们来说感受是什么样的。

"有情识的"(being sentient)意味着拥有类似这样(*like this*)的体验:我们看到罂粟花时拥有的红色感觉,或者像我们品尝一块糖时拥有的甜味感觉。

然而,作为科学家,我们必须从第一人称中退出来。我们必须搞清楚客

---

① William Youatt (1839). *The Obligation and Extent of Humanity to Brutes, Principally Considered with Reference to the Domesticated Animals*, repr. 2003, intro. R. Preece (New York: Edwin Mellen Press).

观上感觉是什么。在接下来的过程中,我会不断地回到这个问题上。但现在我们暂且说,感觉基本上是一种心智状态(mental states)——观念(ideas),它追踪在我们的感官处所发生的事情:我们眼睛看到的光,我们耳朵听到的声音,我们鼻子闻到的气味,等等。

这些给作为主体的我们提供了关于感官刺激的品质的信息——关于刺激的分布和强度、受到刺激的身体位置,以及最重要的,我们是如何评价刺激的。例如,疼痛在我脚趾上,非常疼;红光照在我眼睛上,让我兴奋。

但是"追踪"这些信息只是故事的一半。因为,众所周知,各种感觉都有一个质的维度,使得它们区别于其他的心智状态和态度。我们的痛觉、嗅觉、视觉等都有某个共同的东西,而这是我们的思维、信念、愿望等所没有的。由于找不到更好的词,我们姑且称其为一种独特的"迷人的"(charming)东西。

我们可能不确定这种迷人的东西到底是什么,但可以肯定它是存在的。假设你除了现在拥有的感官之外,还获得了一种新的感官,如一种能记录磁场的感官。你的磁性感觉可能与视觉感觉不同,就像视觉感觉不同于触觉感觉或听觉感觉一样。但如果它们也以其自身方式表现出同样的迷人魅力,你立即就能识别出来,它们与其他感觉一样存在。

现在,当我们问及非人类动物的情识时,情况也是如此。这种动物的感觉不必在所有方面都与我们的一致。它可能实际上拥有我们所没有的感官。但它的感觉必须具备这样的品质,假如这些品质属于人类,我们就会识别出它们同样是迷人的东西。

除了迷人,哲学家确实还有另外一个词语。他们将这种特殊的品质称为"现象品质"(phenomenal quality),并将具体例子——如现象的红色和现象的甜味——称为"感受质"(qualia)。此外,他们会说,当我们体验感受质时,拥有这种体验是什么样的(it's like something):感受到被蜜蜂蜇的疼痛是什么样的,拥有磁北的感觉是——或可能是——什么样的。虽然这些术语没有一个是理想的,但我会像其他人一样使用它们。当且仅当一种生物有意识地体验到感受质时,它是有情识的,凭借这一点,成为自己才具有什么样的感觉。

接下来让我们转到"意识"这个词语上。当我们知觉到(aware of)拥有现象品质的体验时,我们可以被认为"具有现象意识的"(phenomenally conscious)。对许多哲学家来说,现象意识(phenomenal consciousness)是唯一一种真正重要的意识。例如,大卫·查默斯(David Chalmers)说:"我或多或少地将'体验'(experience)、'有意识的体验'(conscious experience)和'主观体验'(subjective experience)这些词作为现象意识的同义词使用。"[①]

然而,在这里我们确实需要更谨慎。"意识"这个词语的使用时间比"情识"或"现象意识"要长得多,而且在这一过程中,无论在日常言语还是在心理科学中,它都已经产生了相当广泛的影响。它最早的含义可以追溯到古典时代,与自我知识(self-knowledge)相关:当一个人知道自己拥有某种心智状态时,我们就说他对这种心智状态是有意识的。意识在认知科学中的现代含义与信息加工有关:当一个状态的内容可被脑中的全局工作空间(global workspace)使用时,我们就说这是一种有意识的状态。然而,这两种含义都没有将意识限定在具有现象品质的状态中。

现象意识无疑是意识的一种。我们知道自己的感觉,感觉影响着我们的判断和决策。但是与我们意识到的其他心智状态相比,感觉明显自成一类。为了理解感觉的特别之处,我们不得不把现象意识的故事和完整的意识故事分开来讲。

所以,从这里开始,让我们更仔细地审视一下现象意识位于何处。

我们可以从一个简单的定义开始,回到最初的含义。意识意味着你知道自己在想什么。你的有意识的心智状态就是那些你在任何时候都能自省通达的状态,并且你就是这些状态的主体。

这包括记忆、情绪、愿望、思想、感受等。当你内省时,你会观察到这些不同的状态,就像在用一只内在的眼睛观察。因此,你很自然地(各处的人都这样做)把意识看作心智的某个窗口、舞台上的私人视角,你的心智生活正在这个舞台上演出。

这是谁的视角?除了"你"——你的有意识的自我——还有谁?无论你的自我聚焦在哪里,它都是这些状态的单一主体。这也说明了意识最显著的一个特征:统一性(unity)。尽管跨越了不同的状态和时间,意识的主体仍然

---

① David Chalmers (2018). How Can We Solve the Meta-Problem of Consciousness?, *Journal of Consciousness Studies*, 6—61.

是统一的。窗边只有一个"你",只有一个自我。不管你正在感受着疼痛,想吃早餐,还是回忆起母亲的脸,每种情况下都是同一个你。

我们可能会认为这是显而易见的。但实际上,这种统一在逻辑上不是必然的。你的脑中存在多个独立的自我,每一个都表征着你不同的心智片段,这完全是可以想象的,而且在心理学上也似乎是合理的。事实上,这种碎片化的状态可能就是你出生时的状态。但值得庆幸的是,这种状态并不会一直持续下去。随着你生命的开启,你的身体——你唯一的身体——开始与外部世界发生互动,这些分离的自我注定要被记录,被构成你生命的单行音乐协调地结合起来。

自我的同一性保证了意识最明显的认知功能,它创造了马文·明斯基(Marvin Minsky)所谓的"心智社会"(society of mind)。正如只有一个"你"站在窗口向里看,另一边也只有一个心智。意识中的任何事物都可以与其他东西共享。来自不同部分(agencies)的信息被带到同一张桌上,正是在这里,你的不同子自我(sub-selves)可以相遇、握手,并进行丰富的交谈。这意味着你的心智现在是一个进行规划和决策的广阔论坛,这是一个有意识的工作空间,在这里你可以识别模式,把过去和未来结合起来,确定优先级等。一个计算机工程师可能会将其视为一个设计出来的"专家系统"(expert system),用来预测你的环境并做出明智的选择。当然,你会将它认作"你"。

然后,与此同时,一个不同的机会出现了。你一旦能观察到心智的各个部分在一个单一舞台上相互作用,就有机会搞清这种相互作用并追踪它的历史。例如,观察"信念"和"欲望"是如何产生"愿望",而"愿望"又是如何导致"行动"的,你会发现你的心智显示出一个清晰的心理结构,由此可以深入了解为什么你会这样思考和行动。这意味着你可以向自己解释自己,也可以向他人解释自己。但同样重要的是,这意味着你有一个可以向自己解释他人的模板。当你遇到另一个人时,你可以假设他的心智工作方式与你的差不多,所以你可以搞清楚他在想什么,以及他将如何行动。意识已然为心理学家所谓的"心智理论"(theory of mind)奠定了基础。

综上,意识在两个层面上改变着你心智工作的方式。第一,它创造了一个认知工作空间,让你变得更聪明。第二,它保证了连贯的自我叙事,帮助你理解自己和他人的行为。

你会注意到,到目前为止我们并没有赋予"现象体验"任何特殊的角色。现在我们要问,具有现象品质的感觉出现在哪里才合适?

感觉与其他意识状态有许多共同之处。你可以通过内省通达感觉,并且你的统一的自我是感觉的主体。感觉在工作空间中很容易被获得,其所携带的有关感官刺激的信息在你心智的"专家系统"中起着重要作用。并且,感觉在你的自我叙述中也扮演着重要角色。

但是这里有一个谜题。即使没有额外的现象品质,感觉也可以发挥这些作用。既没有任何东西表明现象品质是必要的(要是没有现象品质就不能利用感官刺激的信息),也没有任何东西表明唯一有用的自我叙述是以现象上有意识的自我为中心的。

因此,关于现象意识从何而来这一问题的直接答案似乎是,它根本不需要出现。拥有一个有意识的自我的优势会流向这样一种生物,它的感觉中完全没有我们人类认为理所当然的品质。一种缺乏这种体验维度的生物能够自省,可以了解它自己的心智,可以自我叙述,并且是高度智能、目标导向、有动机、有知觉的生物。

根据我们的定义,这种生物无疑拥有某种形式的意识。然而,由于它不能体验到感受质,它也就没有情识。

当然,我们人类很难接受这种可能性。在我们所能想象的范围内,缺乏现象体验的意识似乎是一种匮乏的意识,以至于我们(还有大卫·查默斯)质疑是否应该称其为真正的"意识"。然而作为科学家,如果我们对意识在心智组织层面能实现什么感兴趣,那么显然我们应该这样做。假设我们遇到一种生物,它明显拥有上述的认知能力,却没有任何额外的现象性(phenomenality)。简言之,对于一种像有意识的生物一样走路、像有意识的生物一样游泳、像有意识的生物一样呱呱叫的无情识的(insentient)生物,我们如何能说它真的不是一种有意识的生物呢?

我同意这听起来可能不对。它肯定不是我们这种有意识的生物。所以,为了减少歧义,也为了提醒大家,即使是一只有意识的鸭子也可能缺少什么,我建议,当把意识作为内省可通达心智状态的总称,以及作为刚刚列出的认知操作的中介时,称其为"认知意识"(cognitive consciousness)。但当我们具体谈论意识对具有现象感官品质的感觉的通达时,称其为"现象意识"(phenomenal consciousness)。

在介绍这些术语时,我应该说句哲学的题外话。哲学家内德·布洛克(Ned Block)在其1995年发表的一篇有影响力的论文中提出,我们应该区分他所谓的"通达意识"(access consciousness)和"现象意识"。[1]这听起来可能非常像我提出来的区分。但事实并非如此,我要与他区分开。

布洛克所说的现象意识确实具有现象属性的感觉体验,或感受质;但他主张把感受质与心智的其余方面分开,并且认为感受质在指导思想、言语或行动方面不起任何作用。对我来说,这根本说不通。布洛克实际上是在反对意识的统一性,他认为作为感受质的主体的"你"与作为其他所有心智状态的主体的"你"是不同的。这不仅是违反直觉的,而且还忽略了感受质真正与众不同的地方不在于其通达方式,而在于其内容——感受质像什么。

思考一下下面这个类比。假设你有一个图书馆的书,并且可以从书架上将它们拿下来。所有书都有文字,有一部分还有插图。任何时候你都可以在书桌上打开一些书,浏览它们,交叉对比它们等。你可以同样通达所有打开的书。但是,图画书的质的内容(qualitative content)把它们区分开了,这使得你对它们的评价与一般的文字书不同。

现在,将这个类比与我们的两种意识联系起来。假设具有现象属性的感觉对应图画书。当你浏览任何一本打开的书时,你在认知上都是有意识的,但只有当你浏览一本图画书时,你才是在现象上有意识的。

巧的是,我们人类很少发现自己处于有认知意识而没有现象意识的情况。当我们醒着的时候,总是拥有某些具有现象属性的感觉,因此,我们的书桌上总是放着打开的图画书。确实,也有一些没有现象性的例外情况,梦游状态似乎就是这样一种情况,[2]还有一些由脑损伤引起的相关症状,尤其是

---

[1] Ned Block (1995). On a Confusion about a Function of Consciousness, *Behavioral and Brain Sciences*, 18, 227−247.

[2] 睡眠短信(sleep-texting)也是。一项针对美国大学生的调查发现,25%的人在睡着时用他们的手机发过半连贯的短信。Elizabeth B. Dowdell and Brianne Q. Clayton (2019). Interrupted Sleep: College Students Sleeping with Technology, *Journal of American College Health*, 67, 7, 640−646.

"盲视"(blind sight)，我们将在后面的章节讨论这个问题。但是，有这样一种可能性：即使人类很少出现这种情况，但可能其他动物总会出现这种情况。

科学家还不知道在演化过程中，感觉是什么时候获得现象属性的，也就是说什么时候发明图画书的。这就是我们想要知道的。但我要冒险出一回头。我认为很有可能现象意识出现得相对较晚，而且是在认知意识出现很久以后。如果是这样的话，在历史上的大部分时间里，我们的祖先可能只有认知意识但没有现象意识，即有意识但无情识。据推测，今天许多动物也可能如此。

问题是我们怎么从动物的行为中分辨出它属于哪一种情况？

章鱼能打开密码锁从盒子里逃出来，乌鸦会提前计划以确保自己有早餐，黑猩猩在记忆任务上胜过人类。这些无疑都是认知意识在起作用的证据。但是像这样的智能壮举与现象意识没有直接关系。工程师将很快（即便现在还没有）在智能机器中构建类似认知意识的东西，使得这些机器比我们任何人都聪明……但那又怎么样？

回到 1820 年，哲学家杰里米·边沁(Jeremy Bentham)这样说道："问题不在于它们会推理吗，也不在于它们会说话吗，而在于它们会感到痛苦吗？"[①]把这个问题关联到我们普遍关注的一点上："问题不在于它们是否有一个全局工作空间或自我叙事，而在于是否有情识？"如果认知意识的特征不足以提供答案，那么什么才能够提供答案呢？

天文学家卡尔·萨根(Carl Sagan)说："非凡的主张需要非凡的证据。"任何生物（无论是人类还是其他生物）都是有情识的，这一主张就是我们所能提出的非凡的主张。即便对于我们自己，这也是一个超乎寻常的主张。"我唯一知道的是我是有情识的。"在这一点上，我们看起来确实有非凡的证据：我们

---

① Jeremy Bentham (1789). *An Introduction to the Principles of Morals and Legislation* (Oxford: Clarendon Press). 完整表述如下：总有一天，其他动物将获得这些权利，而这些权利除了通过暴君的手，是永远不可能被剥夺的。法国人已经发现，一个人不能因为皮肤黑就要遭受任意的折磨而得不到救助。总有一天，人们会认识到，腿的数量、皮肤绒毛的颜色，或者骶骨终端的形状，都不足以让一个有情识的生命遭受类似的厄运。还有什么可以追踪这条不可逾越的线呢？是理性的能力，还是话语的能力？……问题不在于它们会推理吗，也不在于它们会说话吗，而在于它们会感到痛苦吗？法律为什么要拒绝保护任何有情识的生命呢？……总有一天，人类将把责任延伸到会呼吸的万物之上。

可以通过内省直接获得感觉的现象属性。这一主张对我们来说清晰明了,但对其他任何人来说却并非如此。然而,希望从外部研究情识的科学家必然会问:如果他们不指望自己感受到别人的感觉,有没有其他公共证据可以让他们推断出这种体验是什么样的?

我要声明,我认为肯定有。这是一种信念,且有一个非常有力的论据支持:演化论。我们知道,在历史的某个节点上,情识作为动物心智的一个显著内在特征出现在这个世界上,人类和其他有情识的物种都是这些动物的后代。我们也有充分的理由相信,只有一种方法可以在生物演化过程中产生新的物种特征并使其稳定下来,那就是达尔文所发现的自然选择过程。这一过程能帮助宿主在种群中传播那些在生存和繁殖的斗争中获胜的遗传性状。显然,一个特征要以这种方式被选中,它必须在公共领域产生某种影响。

在本章的开头,我说过,我们每个人都是根据自己的私人体验来定义情识的。我现在要说的是,自然选择不可能以这种方式识别情识。如果你能做的只是在私下指出它,那么你和你的新性状并不能活得更好。你必须有一些在外面可以展示的会影响生物生存的东西,这样才可以让自然选择选中。

这并不意味着,为了被选中,你的体验必须像对自己一样向他人开放。你不必把自己的体验暴露在众人面前。但是,你的私人体验一定与可以被自然选择"看到"的公共后果密切相关。如果自然选择能看到这些后果,那么想必其他的外部观察者也能看到——科学家、哲学家、诗人?要是他们知道要找什么就好了。

我希望正是这些思考,能使我们更加有力地探索除人类以外还有谁具有情识,让我们有勇气——虽然也许会违反我们的直觉——去试着跟随自然的脚步,确定情识的"面值"。我们可以试着去发现——或者也可以从基本原理出发——现象意识(在某个层面上,而不是纯粹的智能层面上)是如何改变主体的心智面貌的,并以什么样的方式影响生存。

但是,与此同时,我们最好想出一个合理的故事来解释物理构造的脑和身体是如何产生现象意识的。如果没有一个物理主义的解释,哲学反对者会纠缠不休。这样的反对者还真不少,他们更愿意相信,情识起源于物理学之外,实际上并不是作为一种生物现象演化而来的。

　　我们在这里暂停一下。这些都是难题。50 年来,我一直在追问这些问题,可以说我一直在一个乏人问津的领域耕耘。我的同事中很少有人以这样的方式看待这些问题,也很少有人在我到过的地方寻找答案。

　　我们每个人都以自己的方式处理这类问题,但受到"心理定势"——我们预先存在的概念和信念框架的制约。然而我们试图做到客观,这都依赖于我们沿途所接触过的观念和例子。在一项关于心理定势的经典研究中,被试在看了人或老鼠的图画做了事先准备[我们可以称其为"被软化"(softened up)]后,又看了图 1.1 中间这幅模棱两可的图画。如果从左边往中间看,你将看到一只老鼠,如果从右边往中间看,你将看到一个人。

图 1.1　人或老鼠图画

　　类似的偏差在理论层面上也存在。读完《创世记》(Genesis)后再来看物种起源的问题,你会看到"智创论"的作用。但如果你在贝格尔号(the Beagle)上航行之后再来看这个问题,就会看到自然选择的作用。现在,如果你从神经科学、佛教、演化心理学、家禽养殖等不同的方面,或者在阅读碧翠克丝·波特(Beatrix Potter)的作品后再来考虑情识的问题,每次都会得到不同的答案。

　　说到我来自哪里这个问题,我想要多说几句。

第2章　山麓丘陵

吾尝终日而思矣,不如须臾之所学也;吾尝跂而望矣,不如登高之博见也。

——《荀子·劝学》

哲学家丹尼尔·丹尼特(Daniel Dennett)在我2006年出版的《看见红色:一项意识研究》一书的书评中写道,在汉弗莱(Humphrey)职业生涯的早期,曾有过几次极其不寻常的遭遇,遇到了难以理解的视觉和体验边界,要是所有研究意识的人都能有这样的智力冒险就好了! 但是,他接着说:"它们究竟教会了汉弗莱一些其他人仍然难以想象或难以认真对待的重要事情,还是把他引向了一条理论的死胡同? 这是个几乎不可能回答的问题。"[1]

丹尼尔是我认识的最聪明、最慷慨的人之一。但做一个哲学家并不容易,不得不"跂而望之",其他人虽然没有那么热切,但一直在登高,沿途可以遇到不同寻常的好风景。在另一个世界,丹尼尔可以成为一位杰出的科学家。而在这个世界,他比任何人都更清楚如何利用其他科学家的发现来探索心智哲学。

1988年,当他邀请我到塔夫茨大学(Tufts University)与他一起工作时,我们约定,我要帮助他了解最新的研究成果,而他要帮助我以哲学家的身份思考,把糟糕的论点排除出去。然而,我们的情况是不对等的。我的研究先是在神经科学领域,然后是在动物行为方面,我看到的很多东西不止一次地

---

[1] Daniel Dennett (2007). A Daring Reconnaissance of Red Territory, *Brain*, 130, 593–595.

改变了我对意识问题的看法。而丹尼尔自从 1965 年在博士论文中发表观点以来，一直以一贯的方式看待事情。他为坚持自己的见解颇感自豪，而我为背叛自己而自豪。

我们在波士顿和他在缅因州的农场之间进行过许多次长途旅行。途中我会给他讲能看见东西的盲猴、会读心的大猩猩。丹尼尔会用"是"和"但是"来回应。多年后，我很高兴地说，我们在许多问题上达成了一致。尽管如此，他仍然觉得我讨论意识所依赖的某些基础"难以想象或难以认真对待"。在那篇书评中，丹尼尔声称不明白的不仅是他自己，还有其他人。

如果我要把你带进我的书里，我需要改变这一点。为此，接下来的几章是关于我最初遇见的事情。我将向你们介绍我在职业生涯早期有幸遇到的一些人、动物和实验，我将解释他们是如何种下我 50 年后仍在追寻的想法的。

我知道这种叙事结构有点冒险。你可能不知道它会通向哪里，你可能会觉得我的故事太多了。我只希望随着向前推进，讲述这段个人历史的价值会越来越清晰。关于这本书的编排，我还有另外一件事想说。在本书的最后，我希望能找到这个问题的答案：除了我们人类自身，这个世界上还有谁或什么东西可能是有情识的。为了达到这个目的，我们需要一个理论来解释这种不同寻常的体验形式是如何产生的，以及其为什么会作为自然选择所青睐的生物现象而存在。一旦大家掌握了这个理论，我就会介绍一些比较复杂的观点。不过这些都不是技术性的，也不要求你事先具备什么知识。但是，正如你可能已经在第一章中发现的那样，在某些段落中，我所说的一些内容可能是违反直觉的。对于这些内容，你必须仔细考虑再同意（当然，进一步考虑后，你也可能不同意！）

接下来，故事、事实和理论之间会相互支撑。我会用事实驱动对理论的探究，用理论驱动对事实的探索。把这想象成一场手风琴表演吧！随着风箱被拉出，新鲜空气流入。当风箱被推入时，同样的空气向外流动，簧片从各个方向把空气收集起来。所以我们会先问再答，再问再答，希望一连串的论据凝成一体。

第3章 光的触碰

　　1961年,我作为一名学生来到剑桥大学,但很快就陷入了困境。我的生理学导师吉尔斯·布林德利(Giles Brindley)给我留言让我去他的实验室。我按照约定的时间过去,敲了敲门。远处传来一声"进来"。我打开门,进入一个黑暗的房间。那个声音说:"在这里。"在远处的角落里,我分辨出那是阴极射线管发出的微弱的光。"你可以打开房间的灯。"我看到了他。他赤身裸体,只穿了一条内裤,站在盐水浴缸里。他手里拿着一个电开关按钮,头上戴着一个头盔,头盔上有一根金属杆紧贴着他右眼外侧。

　　"是汉弗莱吗?你来早了。"但其实我并没有早到。显然,他早就计划好了让我在这种状态下走进来。"没关系,你可以看看我的实验装置。我在跟进牛顿(Newton)关于光幻视(phosphenes)的研究。当我按下按钮时,电流就会沿杆子穿过视网膜后部。"他按下了按钮,"你瞧,即使房间的灯亮着,我也能看到圆环。但现在的效果与在黑暗中相反,不是红色的而是蓝色的"。我想问:"你说的'看到'是什么意思?"你怎么能看到电流?但我还是没有问。他一边穿衣服,一边打开了门,说:"我希望你也能自己当回实验对象。我告诉我的学生,重要的是事实,而不是理论。当然,最能说明问题的事实是你观察到的一手资料。"是的,我赞同这个观点。

　　后来我才知道,布林德利以自我实验而闻名。在一项涉及"双重疼痛"(double pain)现象的经典研究中,他证明当一个人的脚受到严重电击时,这个人会感受到两种不同的疼痛感觉,一种几乎是立即产生的,由快速的神经纤维传递到脑;另一种是两三秒后产生的,由速度慢得多的神经纤维传递到脑。而他自己就是主要的实验对象。

布林德利还充满戏剧性。1983 年,在一次关于勃起功能障碍(erectile dysfunction)的国际会议上,布林德林上台时,观众可以清楚地看到他勃起了。他向观众解释说,在演讲之前,他在酒店房间里给自己注射了罂粟碱(papaverine)。一位目瞪口呆的目击者后来描述说:

> 他迅速脱掉了裤子和内裤……他停顿了一下,似乎在思考下一步该怎么做。会场里充满了戏剧性。然后他严肃地说:"我想让观众有机会确认阴茎膨胀程度。"由于裤子褪到膝盖,他只能摇摇摆摆地走下阶梯,走向坐在前排的泌尿科医生,吓了他们一跳。[1]

让我们回到光幻视。光幻视是通过刺激眼睛的视网膜而产生的视觉现象,但不是通过光的刺激,而是通过机械压力,或者说,直接通过电流来刺激。自古以来人们就对它议论纷纷。17 世纪 70 年代,24 岁的牛顿开始了这项研究。在三一学院(Trinity College)的房间里,牛顿做了一系列实验,在实验中他对科学的自我牺牲精神甚至胜过了布林德利。以下是他的笔记:

> 我拿了一个大的象牙锥子,把它放在我的眼睛和骨头之间,尽可能靠近眼睛后部,用锥子的末端按压我的眼睛,这时我眼前出现了几个白色、黑色和彩色的圆圈……如果这个实验在一个光线充足的房间里进行,那么即使我闭着眼睛,也会有一些光线穿过我的眼睑,出现一个很大很宽的黑色圆圈……但是相反,如果我在非常昏暗的房间里做这个实验,这个圆圈看起来是红色的(见图 3.1)。[2]

他总结道:"视觉是在视网膜上形成的,因为颜色是通过按压眼睛后部形成的。"

---

[1] Laurence Klotz (2005). How (Not) to Communicate New Scientific Information: A Memoir of the Famous Brindley Lecture, *BJU International*, 96, 956—957.

[2] Isaac Newton (1665). Of Colours, *Laboratory Notebook*. Cambridge University Library, MS Add. 3975, pp. 1—22 (published online 2003).

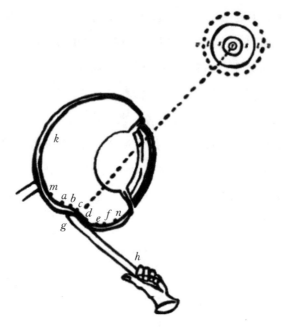

图 3.1 牛顿光幻视实验草图

　　一周后,我回到了布林德利的实验室,戴上头盔,用金属杆抵住眼睛。是的,我看见了。这种感觉当然是视觉。我立刻就明白了为什么我应该对光幻视感兴趣,因为其揭示了视觉鲜活的一面。

　　在我们的五种感官中,视觉通常被认为是最高级的,其次是听觉、嗅觉、味觉和触觉。柏拉图(Plato)根据感官所能超出我们身体范围的程度,对它们进行了排序。视觉可以告诉我们星星的情况,而触觉只能告诉我们与皮肤接触的东西。因此视觉最不受人的动物性的玷污。

　　然而,光幻视让视觉重接地气。虽然它在品质上确实是视觉的,但又提醒我们,视网膜是皮肤的一部分。我们用同样的方式感受刺激眼睛后部所产生的感觉与触摸手背所产生的触觉。事实上,这种相似性也存在于解剖学层面。视网膜上的光感受细胞,即视杆细胞和视锥细胞,就是演化改造过的感觉毛(sensory hairs),以对光的触碰做出反应。

　　光幻视是一种位于眼睛的感觉。我们就像体验发生在我们身体上的事情一样近距离体验光幻视。光幻视几乎就是我们所能体验到的我们祖先的皮肤视觉。视觉能够告诉我们星星的情况,但这是视知觉,而不是视感觉。

与嗅觉、味觉、触觉一样，视感觉是属于肉体而卑下的。

我在图书馆里翻来翻去，找到了 18 世纪苏格兰哲学家托马斯·里德（Thomas Reid）的著作。里德坚持认为，我们不应该把感觉理解为一种从属现象，不应该仅仅把它当作知觉的垫脚石，而应该把它视为一种重要现象。

外部感官有两个作用，它不仅能够让我们感受，而且能够让我们知觉。外部感官给我们提供了各种各样的感觉，有些是愉快的，有些是痛苦的，还有一些是中立的；同时，外部感官给了我们一个概念和一种不可动摇的信念，即外部对象是存在的。[①]

这段话让我恍然大悟。我也注意到了视觉的两个方面：一方面，它可以告诉你到达眼睛的光线，即视网膜图像；另一方面，它可以告诉你外面世界存在的事物。事实上，我很喜欢把自己的眼睛推来推去，让这两种表征——主观感觉（subjective sensation）和客观知觉（objective perception）——相互对立。我记得在学校的一堂化学课上，克朗普勒（Crumpler）先生说："克朗普勒，你在我的掌控之中。如果我按压自己的右眼，可以把我对你的意象（image）移到左眼知觉到的煤气灯（bunsen burner）上。"

里德写道："感觉和知觉是本质上非常不同的东西，应该被区分开来。"确实如此。

---

① Thomas Reid (1785/1969). *Essays on the Intellectual Powers of Man*, Part Ⅱ (Cambridge：MIT Press).

第4章　布莱斯之灵

我加入了心理研究学会的学生分会。很快就与超心理学（parapsychology）的老前辈、哲学家查理·布罗德（Charlie Broad）成了朋友。我们会在他三一学院的房间里一起喝茶，谈论灵魂。

布罗德在学院里住着牛顿曾经住过的房间，他最喜欢的聊天喝茶的地方就是窗边的一把扶手椅，牛顿曾经在那里用棱镜捕捉到一束阳光，然后像彩虹一样把它洒在地板上。一天下午，布罗德坐在这把椅子上，告诉我他担心20世纪中期的灵魂世界正在失去它的色彩。这并不是说这些灵魂最终安息了，但这些现代的灵魂似乎不再像过去那样大出风头了。他说，它们的活动变得越来越粗俗。就在前一天，他还听说有一个吵闹鬼（poltergeist）将大雅茅斯（Great Yarmouth）附近一个度假营地周围的大篷车挪动了位置。如果这种趋势继续下去，班柯（Banquo）很快就要在电视上做格子呢广告了，哈姆雷特（Hamlet）的父亲会在埃尔西诺（Elsinore）周围举行马车聚会。

当这位老哲学家想到它们的行为水准下降时，他的脸就沉了下来。我很能理解为什么他会结束自己著名的灵魂研究（psychical research）讲座，他说："就我自己而言，如果我发现肉体死后自己在某种意义上仍然存在，我会感到恼火而不是惊讶。"[1]

然而，布罗德与布林德利一样，相信一手观察。他强忍失望情绪，在接下来的一周，同我一起坐火车去了诺福克（Norfolk）海岸的大雅茅斯。他当时将近80岁，我20岁。我们在其中一辆大篷车里度过了一个又冷又不舒服的夜

---

① C. D. Broad (1962). *Lectures on Psychical Research* (London：Routledge and Kegan Paul).

晚。但是无济于事。大篷车仍然纹丝不动。

　　他害羞地向我解释说,虽然这令人失望,但并不出乎意料。很遗憾,似乎他个人对超自然现象有一种抑制作用,以至于在他身上几乎没有发生过。这个问题一直困扰着他。他是一个"灵魂抑制者"(psi-inhibitor),因为他的态度过于理性,以至于把灵魂都吓跑了。

　　尽管如此,他还是劝我不要失去希望。他为我制定了一个计划。他与一位曾住在厄尔巴岛(Elba)的英国绅士休·萨托里乌斯·惠特克(Hugh Sartorius Whitaker)保持着联系,这个人多年来一直声称能收到来自死者的讯息。

　　惠特克出生于西西里岛(Sicily)一个经营葡萄酒生意的意大利贵族家庭。据说他的曾祖父发明了马尔萨拉葡萄酒(Marsala)。年轻时,他过着纨绔子弟的生活,有法西斯主义倾向[他最得意的时刻之一是墨索里尼(Mussolini)接受了他赠送的一艘快艇]。但20世纪30年代末,在遇到一位热衷于占卜术(dowsing)的教区牧师后,他开始信奉唯灵论(spiritualism)。在他庄园的一座小礼拜堂里,他通过一位自称阿格瑞萨拉(Agresara)的僧侣作为灵魂向导,开始与天界的人进行联系。

　　阿格瑞萨拉敦促他把自己的教义记录下来,并通过自动书写的形式接受这些教诲。惠特克欣然将其作为毕生的事业。他成为阿格瑞萨拉的抄写员,并安排了三卷本教义的出版。[①]正如出版商所宣称的那样,这些书涵盖了"一个广泛的领域,从上帝的起源和本质,到灵性生活、信仰、祈祷、基督教、来世、轮回、思想的力量。灵性的演化及其他相关主题,以满足人类在这个危机时代的需求"。

　　在布罗德的斡旋下,惠特克向剑桥学会发出了邀请,请其派一个代表团来研究自己。于是,1963年的夏天,我与两个朋友开着一辆旧的"凯旋使者"(Triumph Herald)老爷车从剑桥出发,到厄尔巴岛的塔索别墅与惠特克共度了一周。我们在阿尔卑斯山(Alps)和特拉西梅诺湖(Trasimeno)的海滩上露营。我们乘渡轮来到厄尔巴岛,驶过山路到达别墅,它位于北海岸的海面上,

---

① Hugh Whitaker (1959). *The Eternal Resurrection: The Spiritual Teachings of Agresara*, Vol. 3 (London: Sidgwick and Jackson).

四周森林环绕。

惠特克先生是一位完美的主人。他是一位70多岁满头白发的绅士,目光警惕,举止挑剔。他欢迎我们作为朝圣者来到圣地,并要求我们敞开心扉,接受所看到的一切。

不幸的是,一到那里,我就有了更紧迫的问题。我在路上染了病,肚子很痛。我的健康问题帮助我们打破了僵局。惠特克立即开始诊断。他在一张纸上写下了几个备选方案,然后把一个用链子拴住的铂金球放在上面。铂金球摆向了"痢疾"。他又写下几种药物的名称,铂金球摆向了"可待因"。这一直是他向权威请教的方式。这让我印象深刻。

第二天早上,严肃的事情开始了。9点差5分,我们被邀请去他的书房。他坐在桌前,手里拿着笔,就像他每天做的那样。9点整,他闭上了眼睛,念了几句祈祷语,进入出神状态,开始写作。接下来的一个小时里,他不停地写着。然后他突然停了下来,精神振奋地说道:"好了,小伙子们,让我们离开这里,去野餐吧。"

野餐很有意思。我们乘坐劳斯莱斯(Rolls-Royce)前往山里最受欢迎的地方之一。另一辆车载着食物和葡萄酒跟在后面。愉快地散了一会步之后,我们回到阴凉的栗子树下,树下铺着一块布,午餐已经摆好了。这似乎是开始这项研究的好时机,这也是我们来这里的理由,所以我冒昧地问他早上写了些什么。他说:"我的秘书会把它打印出来,然后它就会显现。现在,不要问,你会把事情搞砸的。"

我很快就意识到,对惠特克来说,我们来拜访的目的,不在于研究他的能力,而在于见证它。无论如何,这些文字的深层含义可能已经超出了我们的理解范围。这里有一个例子,摘自《教义》(Teachings)的第一卷。

某些神秘事件到目前为止仍无法用科学知识来解释,你可以猜测至高无上的智慧的神秘代理人是谁。但当被问及灵魂在哪里,以及它如何形成的时候,任何一个人都很难回答这些问题,除非通过实践,通过暂时放弃作为一个独立实体的人的概念,你才能成功地使自己成为"大一"(superior one)的一部分,它实际上包含了人类的每一种品质,同样,也包含了动物、鸟类、鱼类和一切生长物的每一种品质。

当我看了一眼我们参加过的其中一次活动的打字稿时,我发现阿格瑞萨拉对当代政治也感兴趣:他对英国首相哈罗德·威尔逊(Harold Wilson)和社会主义的弊端发表过尖锐的评论。

在接下来的日子里,我们没有受到任何重大启示。我曾遇到过一个很好的例子,它说明了人类心智有多奇怪。或者,更确切地说,它说明了人类心智中的心智概念有多奇怪。

什么样的心智相信这类东西？我们这样的心智。我开始明白人类意识中有一些梦幻般的疯狂之处。它给了我们一个关于自身形而上学重要性的非常夸张的概念。惠特克相信他在与一个死去的僧侣通灵。布罗德认为,愤怒的孩子的灵魂可以移动一辆大篷车。世界各地的人都相信心灵感应、千里眼和预知能力。最重要的是,他们相信心智不仅仅是物质的。

布罗德的经典哲学著作是一本名为《心智及其在自然中的地位》(*The Mind and its Place in Nature*)的大部头。[1]在书中,他指出心智部分是物质的,部分是心灵的(psychic)。他对心理学研究学会收集的关于人死后心智持续存在的证据印象深刻。他发现特别令人信服的是通灵者的降神会,在其中可以通过灵媒与死人联系,被证明能够透露其他人可能不知道的信息。然而,作为一个谨慎的思考者,他对此有很大的保留。他不得不承认大多数来自死者的信息都明显跑调了,就好像死后的心智在道德和智能上都退化了。我不想说得太过分,但那些信息大多是废话。因此,他得出结论,死后幸存的那部分心智——"心灵因素"(psychic factor)——比活着人的完整自我要少,尽管它是由这个人的人生经历所塑造的。

这一切让我觉得很疯狂,但也发人深省。难道说意识实际上是演化设计出来,让我们获得一个关于自己的比生命更加广大的概念吗？如此一来,它是否让我们容易受到关于自己形而上学重要性的夸张概念的影响,从而准备随便抓住任何一根救命稻草？

如果情况是这样,只有人类如此吗？非人类动物(如果它们像人类一样有情识)是否也会对自己的存在感到敬畏？这些问题可能很幼稚,但它们一

---

①C. D. Broad (1925). *The Mind and Its Place in Nature* (London:Kegan Paul).

直伴随着我。

我保持着大学时对灵魂学研究的兴趣。我喜欢它所带来的那种不体面的战栗。我被布罗德在《心智及其在自然中的地位》一书序言中所写的内容震撼到了:

> 毫无疑问,我会受到某些科学家的指责,恐怕也会受到一些哲学家的指责,因为我认真考虑了所谓的灵魂研究者调查的事实。我对此毫无悔意。在我看来,我所提到的这些科学家似乎混淆了大自然的作者与《自然》(*Nature*)的编辑;或至少假设了,前者的所有作品都要为后者所接受。而我认为没有理由相信这一点。①

我很想从事科学事业,但不想成为那些科学家中的一员:那些人假设自然法则永远不需要修改。尽管如此,我还是对布罗德所说的"所谓的事实"持怀疑态度。并不是说它们不吸引人,而是因为从我所读到的有关资料和我所看到的少量情况来看,让我更感兴趣的是这一观点而不是那些事实。

我当时是一个心理学的学生,而不是哲学家。我想了解为什么人们容易相信那些可能不是真的事情,尤其是我想了解为什么人们愿意相信那些自然事件的超自然起源,对此他们可能觉得心理上的解释比物理上的解释更合其意。我更大的目标是要了解意识本身是如何欺骗我们的。我想知道对人类容易受骗的其他例子的研究是否会对找到意识的演化轨迹这一点有所启发。

我攻读博士学位后,有了更多传统的科学问题要研究。但几年后,在工作间隙,我跟进了一些对所谓超自然事件的实际调查。1985年,我获得了拍摄一部关于超自然信仰的电视纪录片的机会。这部纪录片所关注的事件,或多或少都是对于超自然力量干预的错觉。

我认识到,有两种截然不同的途径可以产生这种错觉:偶然的或设计的。在纪录片中,我们调查了两个发生在爱尔兰的形成鲜明对比的案例。我将在这里描述它们,因为它们影响了我后来对情识的思考。

首先,是偶然错觉的案例。1985年,科克郡(Cork)巴林斯皮特尔村(Ballinspittle)附近的一个石窟中竖立起了一座圣母玛利亚的雕像。建成后不

---

① C. D. Broad (1925). *The Mind and Its Place in Nature* (London: Kegan Paul).

久,黄昏时分来做礼拜的人开始传言说看到雕像在左右摇晃。"移动的圣母玛利亚"很快就轰动了全国,吸引了大量的人来见证这个神圣的奇迹。

我和一个电视摄制组一起去报道了这件事。在到达村庄的那天晚上,我们先去看了一下。雕像被下面的一盏灯照着,显得很昏暗,雕像的头部周围有一圈明亮的光环。当我站在黑暗中盯着它时,我吃惊地发现,雕像的脸相对于光晕似乎在移动,以至于整个雕像在左右摇晃。令我惊讶的是,我发现自己看到了别人所说的那种情况。

我们把摄像机对准雕像拍摄。屏幕显示这座雕像完全静止不动。直到我和摄制组回到家,才有机会做实验搞清楚是怎么回事。我们在电脑屏幕上展示了一张圣母玛利亚的照片,她的脸被明亮的光环笼罩,光线朦胧。我们发现,如果你站在黑暗中盯着这张照片,并将照片从屏幕一边移到另一边,她的头部看起来确实像在光环内移动。

回想起我上过的视觉生理学课,我现在猜到了原因。众所周知,眼睛中的光感受细胞对强光的反应比对弱光更快。这意味着,当明暗结合的图像在视网膜上移动时,明亮物体的运动会被先检测到,这导致昏暗物体随后才会被看到。石窟中的雕像实际上并没有像我们电脑里模拟的那样移动。然而,任何站在黑暗中盯着雕像看的人,必然会轻微站立不稳,他的眼睛会通过移动来补偿这一点。这些无意识的眼球运动,再加上亮度引起的延迟,足以创造出我和信徒们所观察到的奇迹般的摇晃。

"移动的圣母玛利亚"的错觉是出乎意料的:这一意外的结果是雕像创作者所没有预料到的。但是我们研究的下一个错觉却非常不同。

1879 年,在梅奥郡(Mayo)的科诺克(Knock)村,村民们目睹了一场他们所认为的奇迹显灵。日落后不久,在教堂的墙上出现了一幅十英尺高的圣母玛利亚图像,她的身旁则是两位圣徒。这幅图像保持了大约两个小时,随着夜幕的降临变得越来越亮。这些人物既不动也不说话。15 名目击者作证他们所看到的情况,并相互讨论,描述了他们是如何惊叹于此。

显灵的消息传开了。人们从四面八方赶来触摸教堂的墙壁。很快就有了关于祈祷应验和疾病奇迹般治愈的报道。如今,这里已经成了一个重要的基督教圣地,科诺克建了一个国际机场,而村里的牧师,大执事卡瓦纳

（Cavanagh）正在通往成圣的道路上。

与前一个案例不同，人们似乎没有理由怀疑这个案例里的目击者看到的是一种真正的光学现象——墙上有一幅真正发光的图像。然而，从一开始，就有很多人坚持认为这幅图像是通过诡计制作的。而这场骗局的始作俑者很可能就是牧师本人。

当时，卡瓦纳在政治上陷入了困境。他因为站在英国地主一边，所以在教区居民中极不受欢迎，甚至有人威胁要驱逐他。他迫切需要一个上帝眷顾他的公共标志。19世纪70年代，在欧洲其他地方，神迹显灵被证明在恢复教会权威方面非常有效。但这种神迹当然不是随叫随到的。所以，卡瓦纳很有可能决定自己动手解决问题。

但不管是当时还是现在，问题是，这个把戏是如何做到的？根据目击者对图像的描述，谣传它是由一盏神奇的灯笼投射出来的。但是灯笼藏在哪里？为什么靠近墙的人没有打断光束？

在纪录片中我们重新审视了这个问题，我们注意到墙壁上方有一扇小窗户。如果灯笼被放置在教堂内并向外投射，它的光束可能会被一面镜子反射到墙上。

我们决定进行实验。在剑桥附近的一个村庄，我父母的房子旁边有一个旧粮仓，它有一个类似的窗户。我们借了一个维多利亚时代的灯笼和一些宗教幻灯片。我们把灯笼安装在室内的梯子顶端，光从窗户投射出去，然后再用一面剃须镜将光反射到外墙上。夜幕降临，圣母玛利亚和她的圣徒们的光辉图像出现了，我们那些不信邪的邻居目睹并赞美了这一幕。

我认为偶然产生的超自然错觉与人为设计的超自然错觉之间有一个明显的区别。巴林斯皮特尔村和科诺克村的事件完美地说明了这一点。然而，后来我发现，可能有两者兼有的情况：一个偶然的错觉先引起了人们的惊叹，接着，一个野心勃勃的骗子看到了机会去美化它。例如，想象一下，既然人人都喜欢"移动的圣母玛利亚"，如果真有一尊像巴林斯皮特尔村那样碰巧会动的雕像，那么邻近教区的牧师可能也会忍不住想让教堂里的雕像动起来。

这一定是欺诈吗？它可能是艺术。在旧石器时代的洞穴壁画中，可以看到显然是偶然受到启发的宏伟的艺术实例。人们常说，那些装饰拉斯科

(Lascaux)和肖维(Chauvet)等洞穴墙壁的艺术家将岩石的现有特征融入他们的动物画中。而更有可能的是,艺术家在看着一块尚未雕琢的岩石表面时发现,马的头、野牛的肩膀、狮子的鬃毛已经在那里了,他们当然会感到很惊讶。然后,他或她小心翼翼地用颜料来固定和夸大这些转瞬即逝的印象。

我提醒自己,现象意识的属性会不会也是由这样一些愉快的意外所引起的,之后被自然选择作为一件艺术作品加以利用和美化,仅仅因为在超现实的层面上,它们丰富了承载者的生活。

阿道司·赫胥黎(Aldous Huxley)在他的小说《美丽新世界》(*Brave New World*)中,嘲讽地将哲学家定义为"梦想中的东西比天地间的东西还要少的人"。但是对人类来说,情况完全相反。意识可能是关于那些根本不存在,却能让我们的生命有意义的事物的梦。

第5章　青蛙的眼睛告诉了猴子的大脑什么

1964年,我开始攻读心理学博士学位,导师是拉里·韦斯克兰茨(Larry Weiskrantz),他与布林德利形成鲜明对比,他虽然没有那么聪明,但对自己和他人都更友善。

拉里是出生于纽约的德国移民。在他六岁的时候,父亲突然去世,因此家里失去了唯一的收入来源。他的母亲别无选择,只能把他送到一所为"贫穷的白人男性孤儿"设立的免费寄宿学校。在那所学校里,并且"只有在美国"(正如拉里所说),他表现出色,成功地通过奖学金进入哈佛大学、牛津大学和剑桥大学。

在剑桥大学,他开始了一项关于猴子视觉的脑机制研究。当时的一个大问题是大脑皮层在视觉中的作用是什么。所有哺乳动物都有两条处理来自眼睛的信息的脑通路,一条是演化上的古老通路,另一条是更现代的通路。这条古老的通路从眼睛直通中脑的视顶盖(optic tectum,又称上丘),它也存在于鱼和青蛙等脑内没有皮层的脊椎动物中。另一条通路通往初级视觉皮层,是从哺乳动物系中演化而来的。

拉里一直在研究用手术切除猴子大脑视觉皮层后产生的影响。在这一点上,他的研究在很大程度上证实了一般的看法:手术使猴子实际上完全失明了。虽然这只猴子的确仍能学会在不同亮度的卡片之间,以及在统一的灰色卡片与棋盘图案之间进行选择,但它完全无法辨别物体的位置或形状。"关于这只猴子的能力,最简单的假设就是,它只对视网膜神经节活动的整体有反应。没有迹象表明它能对变化的分布情况做出反应。"[1]换言之,猴子的眼睛似乎只作为光桶(light buckets)存在,而无法提供任何关于视网膜上空间模式的信息。

这与早期的研究结果一致。然而,仍有一个问题悬而未解。这只猴子的中脑视觉系统仍然是完好的,鱼和青蛙使用视顶盖就可以看得很清楚,那么为什么猴子在手术后会失去视觉能力?

大家一致认为我应该着手研究猴子视顶盖中的单个神经细胞,去了解这个次级系统能够处理什么样的视觉信息。由于当时我们的实验室没有人会单细胞记录技术,于是拉里派我去爱丁堡待几个月,让著名的神经科学家大卫·惠特里奇(David Whitteridge)传授我秘诀。

惠特里奇对我很好。他教我如何制作细针状电极来记录脑细胞的电活动。然后,他演示了如何通过外科手术在被麻醉的猫的头骨上开一个洞,并将针穿过其大脑,插到视觉系统中靠近反应神经细胞的正确位置。当细胞放电时,电被电极接收并放大,因此我们可以通过扬声器听到它。

回到剑桥大学后,我用这些技术记录猴子的上丘细胞。麻醉后的猴子被放置在一个屏幕前,我可以在这个屏幕上移动黑色或发光的小目标。我把目标的位置设置为示波器上的光点,并将该光点的亮度与细胞的反应联系在一起,因此只有在峰值出现时光点才会亮起。这意味着示波器上会出现细胞感受野(receptive field)的图片,也就是细胞"视野"的空间面积。

我的工作是找到什么样的视觉刺激会激活所记录的细胞。结果发现,细胞对速度约为 10 度/秒来自四面八方的移动目标反应最好。靠近丘(colliculus)表面的细胞感受野非常小,这意味着其可以精确定位目标。但随着电极越深入,感受野变得越大,这意味着细胞不关心目标的确切位置。[2]图5.1显示了一系列不同细胞的结果。

[1] Lawrence Weiskrantz (1963). Contour Discrimination in a Young Monkey with Striate Cortex Ablation, *Neuropsychologia*, 1, 145—164.

[2] Nicholas Humphrey (1968). Responses to Visual Stimuli of Single Units in the Superior Colliculus of Rats and Monkeys, *Experimental Neurology*, 20, 312—340.

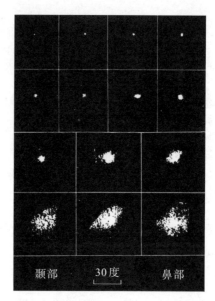

颞部　　30度　　鼻部

图 5.1　猴子上丘细胞的感受野对移动的 1.5 度黑盘或 1 度亮光盘做出的反应

这些是有趣的新发现。这些发现表明,上丘细胞的表层可以将目标位置的信息传递给脑的其余部分,从而在原则上支持空间视觉,即使这与接受过韦斯克兰茨手术的猴子行为不相符。这是一个需要跟进的重要线索。但在做这些实验时,我承认我得到的漂亮"结果"并不总是自己最关心的。现在回想起来,我的心不禁一颤。

当时我还是一个 23 岁的学生,经常在一栋废弃建筑的一个黑漆漆的房间里独自工作到深夜。房间里被麻醉的猴子被绑在一张椅子上。唯一的光线来自屏幕上移动的目标和闪烁的示波器,唯一的声音是扬声器里传来的零星尖啸声。等我处理完这只动物,它就会永远地睡着。我所倾听的脑细胞正在最后一次"看见"。在这种临界情况(borderline situation)下,奇怪的想法掠过我的脑海。

如果动物是清醒的,当刺激穿过其视网膜时,它会拥有视觉感觉。但因为感觉是私人的,没有人能从外面知道这一点。然而,现在,至少这种私密体验的某些部分已经外化了:动物对光的反应显示在示波器上,并激活了扬声器。就好像动物在大声表达它对刺激的感受,例如,当光线照射到它的视网膜时,它就会咆哮或者呼噜呼噜地叫。而我就在这里,听着。但如果我可以听到猴子对视觉刺激的感受,或许这个猴子也能听到。

接下来,诗意占据了上风。我已经遇到了一些细胞,它们对移动的目标做出一连串脉冲的峰值反应,而不是常规的反应:呼呼! 停顿一下,然后又是呼呼! 这是怎么回事? 凭直觉,下一次我发现细胞以这种奇怪的方式反应时,就用绷带盖住猴子的耳朵。"呼呼"声停止了,细胞以稳定的放电方式对目标做出反应。然后我揭开猴子耳朵上的绷带,把扬声器的音量调低到仅仅能听到声音。"呼呼"声又一次没有了(见图5.2)。

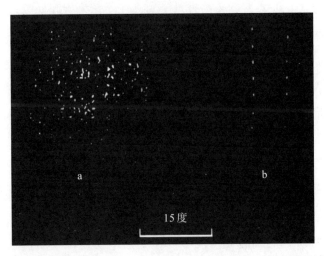

15度

图 5.2　猴子上丘细胞的感受野对 0.5 度光盘做出的反应。在 (a) 中,该区域被多次穿越,在 (b) 中仅有两次,速度约为 10 度/秒。这里的每个点都对应一个高频脉冲,而不是一个单一的峰值;请注意不连续的反应

这一定是所谓的"多模态"(multi-modal)细胞——这个细胞既有来自耳朵也有来自眼睛的输入。我还发现了其他例子,尽管这种例子相对稀少。会不会是这样,当扬声器的音量被调高时,细胞首先对视觉目标做出反应,产生一连串的峰值,对这些峰值所产生的声音做出反应,从而产生更多的峰值,再对峰值产生的声音做出反应。其结果就是正反馈(positive feedback)创造了一个短暂的活动激增,然后耗尽了自身。为了验证这一点,在没有视觉目标的情况下,我拍了拍手。果然,细胞对拍手的声音发出了"呼呼"的回应声。听觉反馈的结果是,细胞对任何刺激的反应都会在时间上被拉长,产生一种余晖。

当然,实验室里的设置完全是人为的。但这个意外的现象使我萌生了一个想法。我们通常倾向于认为感觉是外部世界印刻在我们身上的体验。但是,我们能否做出如下假设,即我们的感觉实际上源于身体对刺激的主动反应,就像给扬声器发送信号,并且只有当我们通过倾听来监控自己的反应时,我们才能认识到这一点。难道这一点,以及随之而来的反馈环路就是赋予感觉如此美妙的、厚重的、富有表现力的品质的原因吗? 这一观点后来扎根于感受质理论中。但这是后面的故事。

我要说的是,我不太喜欢做这些实验,但这并不意味我怀疑它们的科学价值。这是有史以来第一次对猴子上丘细胞的记录(我1968年发表的描述猴子上丘细胞的论文已经被引用数百次)。我也不认为活体动物实验在原则上是错误的。猴子自始至终都被麻醉了,并没有遭受痛苦。尽管如此,不可否认的是,我所做的事情有一个令人担忧的权力维度(power dimension)。直截了当地说,可以说(没有人这样说过,但我这样想过),我重视的是我对猴子大脑如何工作的好奇心,而非猴子使用自己大脑的乐趣。当然,我希望我的发现对理解猴子和人类视觉神经心理学的更大研究有所贡献,那么至少这不是无聊的好奇心。但这些发现能做出如此贡献吗?

证实我所研究的细胞完全能够传递空间中物体位置的信息看起来很有希望。在这方面,猴子的上丘细胞确实很像青蛙的视顶盖。事实上,这些细胞对刺激的反应与一篇著名论文中的描述非常相似,这篇论文是杰里·莱特文(Jerry Lettvin)及其同事在1959年发表的《青蛙的眼睛告诉了青蛙的大脑什么》("What the Frog's Eye Tells the Frog's Brain")。[①]

在切除了猴子的视觉皮层后,这个古老的视觉通路仍然可以运作。在这种情况下,猴子可能至少保留了类似青蛙的空间视觉能力。然而,韦斯克兰茨的研究似乎证明并非如此。我开始怀疑是不是韦斯克兰茨遗漏了什么,也许有什么东西被隐藏了起来,不在显眼的地方,而完全在另外一个地方。

---

①J. Y. Lettvin,H. R. Maturana,W. S. McCulloch,et al. (1959). What the Frog's Eye Tells the Frog's Brain,*Proceedings of the IRE*,47,1940—1951.

第6章　盲　视

时间到了1966年的夏天。一年半前韦斯克兰茨移除了剑桥大学实验室里一只猴子的视觉皮层。猴子的名字叫海伦。手术后,海伦显然不再用眼睛了。当独处时,她会空洞地注视着远方,从不费心环顾四周。在测试时,她最多只能分辨出不同亮度的卡片。她简直就像瞎了一样。

那年秋天,韦斯克兰茨去参加在瑞士巴塞尔(Basel)举行的会议。我抓住了机会。那几天,我坐在海伦的笼子旁,与她一起玩耍,希望能发现一些迹象表明她并不像大家说的那样,或许她也相信自己并不是看不见。

我不停地与海伦说话、挥手、打响指,试着引起海伦的注意。一开始,她似乎不愿意参与。然而,我很快就感觉到,她有时不由自主地跟着我做动作。至少,她似乎在看着正确的方向。为了鼓励她,我手里拿了一块苹果,如果她能拿到,就给她,这样做效果更明显。她很快就抓到了。不久,我转动一根棍子,让她伸手去摸棍子末端转动着的黑白立方体,接下来是一个闪烁的豌豆球、一个固定的亮灯泡,最后是一个静止的黑白立方体。

我给韦斯克兰茨下榻的巴塞尔酒店发了一封电报:拉里,你不会相信的,我已经教会海伦看了。

他不相信。当他回到剑桥大学时,一开始很忙,没有时间看我和海伦做了什么。当然,没有哪个教授愿意让一个博士生破坏他认为十拿九稳的成果。然而,当他有时间亲自看到的时候,他立刻就相信了,并且与我一样急切地想知道接下来会怎样。我们共同向《自然》(*Nature*)杂志提交了一篇论文,描述了一只没有视觉皮层的猴子如何探测视觉显著物体的空间位置。[1]

但我们操之过急了。事实证明,关于海伦的视觉还有很多等待发现的东西。

按计划海伦要被杀死,然后检查她的脑来确认手术的程度。但韦斯克兰茨同意我继续与她一起工作。1967年,我搬到牛津大学心理实验室时,带她一起去了那里,1971年又带着她回到剑桥大学,去了马丁利(Madingley)的动物行为学系。七年来,我几乎每天都是她的私人老师。我鼓励她、哄她,试图以各种方式帮助她认识到自己所拥有的能力。

在牛津大学和剑桥大学的心理学实验室里,我总是在她所住的小笼子里测试她。但是,当我们来到马丁利时,我发现自己身处一群有着不同观点的科学家之中。在典型的心理学实验室中,研究猴子是为了深入了解人类心智是如何工作的。在马丁利,研究猴子是为了了解猴子的心智是如何工作的。这里强调的是自然环境中的整个动物群体,以及作为个体的动物。

我个人背景的一个显著特征就是我在出版物中使用的语言。在《自然》杂志发表的文章中,我没有称呼猴子"Helen",而是将其缩写为"Hln"。更能说明问题的是,我没有称海伦为"她",而是用了"他"。在后来的论文中,我确实把海伦的名字和性别还给了她。但即便如此,我也从未想过要提及一个与她测试表现相关的重要事实。那就是每隔30天左右,她的情绪就会发生变化,变得很难相处:她来例假了。信息实在是太多了。

碰巧,一位年轻的法国灵长类动物学家米雷耶·伯特兰(Mireille Bertrand)正在访问马丁利。在非洲研究野生猴子的米雷耶看到笼子里的海伦时很不高兴。"我们为什么不尝试放她出来,"她说,"那样她就必须用她的眼睛了。""但她做不到,"我说,"她被关在笼子里好几年了,从来没有出来过,而且她并不温顺。""那我必须驯服她。"

我透过一扇玻璃门,看着米雷耶走进房间,房间里海伦的笼子被安装在架子上。她打开笼子的门,自己则站在一边。海伦在笼子口犹豫了一下。她小心翼翼地爬了出来,松开笼壁,掉到地板上。然后她惊慌失措,腾空一跳,

---

[1] N. K. Humphrey and L. Weiskrantz (1967). Vision in Monkeys after Removal of the Striate Cortex, *Nature*, 215, 595—597.

落在米雷耶身上。米雷耶抓住她的胳膊,海伦试图咬她,米雷耶回击了海伦,她们俩扭打在一起。最终,米雷耶控制住了海伦,把她按在地上。突然间,她们就能和平相处了。

第二天,米雷耶给她戴上了狗项圈。我们给她系上牵引绳,带她去大楼外散步。海伦并没有完全被驯服,但她很快就适应了牵引绳,能探索实验室周围的草地和树林了。正如预想的那样,刚开始的时候,散步相当危险。海伦不断撞到障碍物,撞到我的腿,还有好几次掉进了池塘。但在接下去的几个星期里,情况有了明显好转。她很快就能预知并绕过道路上的障碍物。更值得注意的是,她会在田野里挑出一棵树,走过去,爬上树干(见图6.1)。

图 6.1　野外的海伦

她特别喜欢爬一棵老榆树。当她待在树洞里时,我会举起一些水果和坚果让她拿。但现在她又做了一件我万万没有想到的事。当目标在一臂范围内时,她会伸出手来,但如果目标太远,她就会忽略它。很明显,由于终于有了三维空间的体验,她不仅发展出了三维的视觉知觉,而且还发展出了能内省地监测的知觉——她知道什么时候够不着东西。

我用可移动的家具搭建了一个大的室内竞技场。很快,海伦就完全适应了。她会跑来跑去,避开挡板和障碍物,同时从地板上找到并捡起醋栗。她的视力很快就被证明是敏锐的,以至于地板上总要放置一些东西,防止她捡沙粒。当25个醋栗被随机撒在一个五平方米的区域内时,她花了不到一分钟的时间就找到了所有醋栗。对于不了解她过去的人来说,她的视力似乎很正常。[1]

然而我越来越确信海伦不能正常地看到东西。我太了解她了。我们一起度过了那么长时间,而我一直很好奇,成为她是什么感觉。我发现很难确切地指出什么地方出了问题。尽管没有证据,但我有一种预感,她仍然没有指望自己能够看到东西。奇怪的是,她似乎对自己没有信心。例如,如果她心情不好或受到惊吓,她的信心就会消失殆尽,她会跌跌撞撞,就像又回到了黑暗中。当神经心理学家汉斯·卢卡斯·特贝尔(Hans Lukas Teuber)从麻省理工学院来访,专门观察海伦的视觉恢复情况时,她让我俩都很尴尬。汉斯的出现使她过于紧张,当汉斯在房间里时,海伦表现得就像瞎的。海伦似乎只有在放松到不去想自己看不见的时候才能正常使用她的视力。

1972年,我为《新科学家》(New Scientist)杂志写了一篇文章,在该杂志的封面上,他们在海伦的照片下方写上标题:《一只能看到一切的盲猴》。但这个标题并不准确,不是"一切"。我所写文章的标题是《看见与一无所见》("Seeing and Nothingness"),并且我继续论证,这是一种奇怪的看见,可能比我们想象中还要奇怪。我写道:"当人们的视觉皮层遭受严重损伤时,据说他们就彻底失明了。也许有了一个更灵活的视觉定义之后,人们将发现,在临床医生或病人的眼睛所见之外,还可以看到更多的东西。"[2]

与一只无法描述自己内心世界的猴子在一起,似乎没有办法知道她的体验到底是什么样的。要想知道答案,我们需要来自人类的证据,而在当时,还没有与她相似的人类病例。事实上,现有的证据(包括布林德利的一项新研究)表明,有类似脑损伤的人类是永久性失明的。

---

[1] Nicholas Humphrey(1974). Vision in a Monkey Without Striate Cortex: A Case Study, *Perception*, 3, 241-255. YouTube上有关于海伦的电影。有一次,丹·丹尼特(Dan Dennett)和我在哥伦比亚大学的一个哲学研讨会上,在没有介绍的情况下放映了这部电影,然后请观众猜猜这只猴子有什么不同之处。没有人知道答案。

[2] Nicholas Humphrey (1972). Seeing and Nothingness, *New Scientist*, 53, 682-684.

　　两年后,韦斯克兰茨有了一个戏剧性的发现。他正在研究一个叫D.B.的病人,该病人为治疗顽固性头痛,在伦敦一家医院接受了脑部手术。该手术涉及切除大脑右侧的视觉皮层。手术导致病人立即失去了左半边视野的所有视觉。当一束光出现在左半边视野中时,他否认自己能看到这束光。但是韦斯克兰茨被海伦身上的发现所鼓舞,他轻轻地靠在病人身边,尝试做一些看似不可能的事情。他要求D.B.猜测光线可能在哪里。令所有人,尤其是病人本人惊讶的是,他都能猜对。进一步的测试表明,他不仅能猜出物体的位置,还能猜出形状和颜色。然而,他一直坚持说他知觉不到任何视觉感觉。

　　韦斯克兰茨将这种无情识的视觉能力称为"盲视"[1]。1974年,他给我寄来了一篇论文的单行本,在论文中,他描述了关于D.B.的首次发现。他在文章中写道:"海伦得到了证明。"我毫不怀疑。

　　但是我们又一次操之过急了。关于人类盲视的研究任重而道远。事实上,在很多方面对它的研究都要比对海伦的研究走得更远。随后的研究表明,视觉皮层受损的人能在视野的盲区内碰触一个物体之前评估它的三维形状,能识别其他人面部的情绪表情,甚至能阅读和理解书面文字。

　　在最初的研究中,没有一个病人在视觉引导的空间导航方面达到与海伦相同的水平。但后来在2008年,事实证明一位在多次中风后完全失去视觉皮层并自认为完全失明的病人能够在杂乱的医院走廊上行走,避开每一个障碍物。[2]有一段病人完成这些的影像,影像背景是脸上洋溢着宽厚笑容的82岁的拉里·韦斯克兰茨。

　　很早之前,我就想知道海伦和盲视现象能为人类和其他动物的情识演化带来什么启示。在没有视觉皮层的情况下,海伦的视觉必须通过上丘细胞来调节,上丘细胞是青蛙视顶盖演化的产物。但这意味着她实际上能像青蛙一样看吗？或者,反过来说,青蛙实际上能像海伦那样看吗？青蛙是盲视吗？如果是的话,那么是否所有其他大脑还没有演化出次级视觉系统,视觉是由视顶盖调节的脊椎动物也是如此。也就是说,除了哺乳动物和鸟类以外的所

---

① Lawrence Weiskrantz (1986). *Blindsight:A Case Study and Implications* (Oxford:Clarendon Press).
② Beatrice de Gelder, Marco Tamietto, Geert van Boxtel, et al. (2008). Intact Navigation Skills after Bilateral Loss of Striate Cortex, *Current Biology*, 18, R1128—R1129.

有动物都是如此吗？人类婴儿也是如此吗？因为他们的大脑皮层视觉通路在出生几个月后才成熟。如果没有任何有意识的感觉伴随的视觉是我们所有人开始的方式，并且今天许多动物身上仍然保持着这种方式，这多么令人惊讶又多么有趣啊！

另外，我想知道如何从哲学的角度来描述盲视。我发现自己又回到了托马斯·里德对感觉与知觉的重要区分上。盲视患者显然具有某种形式的视觉知觉，一种在视野的盲区检测外部物体属性的能力，但他没有任何平常的能让他知道到达眼睛的光的感觉。就他而言，他只是在"猜测"。字典中对"猜测"的定义是"没有充分证据或根据的判断或观点"。正是如此。患者再也意识不到知觉的充分证据，这些证据似乎与他无关。盲视就是缺失感觉的纯粹知觉。①

我在进一步阅读中看到，里德本人在其1764年的著作中认为感觉与知觉是可以分离的，这给我留下了深刻印象。"我们也许有这样的构造，使我们当下的知觉与感官上的印象直接联系起来，而不需要任何感觉的干涉。"②而在1778年的一封信中，他写道："我可以想象一个拥有各种感觉而没有任何知觉的存在……我还可以设想这样一个存在，它能够知觉我们所知觉的一切，但没有任何感觉与这些知觉相联系。"③

所以，里德可以想象出某种类似于盲视的东西！不过，他可能也会第一个同意这似乎与常识相悖。正如他所写的："在正常情况下，知觉与其相应的

---

① 但是，如果盲视是一种缺乏感觉的纯粹知觉，为什么它不具有认知意识，可达到内省？这是一个重要的问题。我坚信盲视确实应该是意识上可通达的（虽然因为现象维度的消失，被试可能会对此感到困惑）。正如我上面提到的，我有证据证明海伦确实知道她看到了什么。当她坐在树上，食物在一臂范围内时，她会知觉到它而伸出手去取，但如果目标太远，她就会忽略它（你可以在网上视频的最后看到这个例子）。我们可以看到海伦精会神地看着一颗几乎够不着的花生，她犹豫了一下，决定不去拿，但后来又改变了主意。韦斯克兰茨在首例人类盲视病例中并没有发现任何这种内省知觉的证据。但是，随着研究的继续，研究人员学会了更应该注意什么，他们在一些病人身上发现，尽管病人确实会坚持说他没有看到刺激物，但他隐约地知觉到外面有什么。这被称为2型盲视。Fiona MacPherson（2015）. The Structure of Experience, the Nature of the Visual, and Type 2 Blindsight, *Consciousness and Cognition*, 32, 104−128.

② Thomas Reid（1764）. *An Inquiry into the Human Mind*, Ch. 6, Of Seeing, section 21, quoted in Ryan Nichols, *Thomas Reid's Theory of Perception*（Oxford：Oxford University Press）.

③ Thomas Reid, Letter to Lord Kames, quoted in Ryan Nichols, *Thomas Reid's Theory of Perception*（Oxford：Oxford University Press）.

感觉是同时产生的。在我们的体验中,我们从未发现它们是分离的。因此,这会导致我们把它们视为一种东西,给它们起一个名字,并混淆它们的属性。"[1]

鉴于这种联合,常识会认为这里有一种因果关系。大概,感觉是更基本的,它先出现,为知觉奠定了基础。但如果是这样的话,盲视——没有感觉的知觉——就不仅是不寻常的,而且在逻辑上是不可能的。盲视的存在表明,我们是如何典型地误解了我们的心智是如何工作的。我们似乎被一种"用户错觉"(user-illusion)所迷惑,这种错觉通过赋予我们的感觉一个因果关系,为我们提供了一个关于我们如何知觉的故事。盲视似乎是无私的视觉(selfless sight),在心理学上来说,这似乎说不通。

虽然我们最终弄错了,但值得注意的是,脑如何处理知觉的现实并不会让一个工程师感到惊讶。如果工程师要设计一个机器人,要使它用摄像眼来探索外部世界,他绝不会分两个阶段:首先,对摄像机前的图像进行描述;其次,将此描述作为推断图像内容的起点。他根本不会费心去描述这样的图像。相反,他会使用过滤器来分离出位置、运动、形状、颜色等不同类别的信息,然后通过算法把这些结合起来,从而给机器人提供其所需要知道的世界的相关信息。

巧的是,那篇著名的论文《青蛙的眼睛告诉了青蛙的大脑什么》发表在一份工程杂志上,即《无线电工程师学会学报》(*Proceedings of the Institute of Radio Engineers*)。在这篇论文中,作者明确了对感觉和知觉的区分。作者指出,在青蛙的视觉系统中发现的那种探测器显然是专门为"探测虫子"等知觉任务而设计的。"因此,这些操作更具有知觉而不是感觉的意味……也就是说,最能描述它们的是来自视觉图像的复杂抽象的语言。"[2]看来这些神经科学先驱似乎对青蛙有盲视的观点没什么异议。

那么,问题来了。如果盲视真的是青蛙天生的,而且大概所有机器人也

[1] Thomas Reid (1785/1969). *Essays on the Intellectual Powers of Man*, Part Ⅱ, Ch. 17 (Cambridge: MIT Press).

[2] J. Y. Lettvin, H. R. Maturana, W. S. McCulloch, et al. (1959). What the Frog's Eye Tells the Frog's Brain, *Proceedings of the IRE*, 47, 1940—1951, 195.

是这样,我们不得不问,如果动物或机器人完全缺乏现象意识,它们会失去什么? 失聪的听觉、无气味的嗅觉、无感受的触觉,甚至无痛的疼痛,这些会有什么问题吗,会导致无法生存吗? 扫兴的假设是,有知觉但无情识的动物也可以活得很好。

对我来说,必须有一种情识理论反驳这种假设。

第7章 看不见的视力

很多时候,我试图从海伦的视角看问题。但我认为理所当然的一件事是,我对她的研究在某种程度上使她的生活更有价值,她的日常生活变得更加丰富有趣。她似乎非常喜欢在实验室里接受测试。不管猴子对这些事情能感受到什么程度,我猜她一定很高兴发现自己的眼睛又能用了。我对此感觉良好,她肯定也是如此。我从来没有想过,如果海伦是个人,她可能会觉得盲视比没有视力更糟糕。

后来在1973年,我参与了一项针对一位年轻的伊朗女性的研究,她叫H.D.,这一过程让人悲伤,但也给上述问题带来了意想不到的观点。丹尼特在《看见红色:一项意识研究》的书评中,把这件事挑出来当作一次“不同寻常的、与不被理解的视觉和经验的边界的相遇”,但他认为这会把我引向一个死胡同。因为我对自己之前的论述没什么可补充的,所以我要说的也没有什么不同。

H.D.三岁时感染了天花,造成她两个眼角膜有严重的疤痕和失明。我们从她后来写的回忆录中得知,她小时候被家人利用,被迫在街上乞讨,并受到性虐待。但是,尽管困难重重,她在15岁时被一个基督教传教士所救,送到一所盲人学校,在那里她学会了阅读盲文,并能流利地说英语。六年后,她成为德黑兰大学(Teheran University)的一名学生。在那里,她被一位伦敦的眼科医生发现,他认为如果给她做角膜移植手术,她很有可能恢复正常视力。她的社区筹集了资金,将她送到摩菲眼科医院(Moorfields Eye Hospital)进行手术。

1972年,27岁的她满怀希望地来到伦敦做了手术,手术在技术上是成功的。她眼睛的光学系统得到了恢复,然而,手术之后并没有证据表明她的视力得到了改善。她的眼球只能继续做着粗糙的随机运动,这是早年失明患者的典型特征。两个月后,她的情况也没有好转,她被转到国立医院的心理科,接受神经心理学家伊丽莎白·沃灵顿(Elizabeth Warrington)的评估。沃灵顿医生邀请我加入。

第一次见到 H.D 时,我发现她处于一种绝望状态。她确信这次手术完全失败了。这也难怪,因为,就她自己而言,她与以前一样看不见。沃灵顿和我意识到,有一个非常可能的解释。当脑的视觉皮层没有获得来自眼睛的输入而得到锻炼时,就有可能发生退行性变化。由于 H.D. 的视觉皮层自幼年以来一直未使用过,因此她的视觉皮层确实有可能无法正常工作了。如果是这样的话,她现在的情况可能与我的猴子海伦非常像,海伦的视觉皮层被手术破坏了。不幸的是,新眼睛无法满足脑的需求。

但我第一次见到海伦时,她也确信自己看不见。如果 H.D. 的情况在某些方面与海伦很像,那么也许她也能像海伦一样重新学会看东西。

不管怎样,我认为值得尝试一些对海伦有效的方法。我带 H.D. 出去"看"伦敦风景。我们走在街上和公园里,我握着她的手,向她描述眼前的景象。令我们高兴的是,她和我很快就明白,我不是在引导一个盲人。与手术前相比,有些东西已经改变了,有些甚至可能具有实用价值。鸽子落在广场上时,她可以指出鸽子,她可以伸手去拿一朵花,当走到马路牙时,她会抬高脚。她确实恢复了一种用眼睛引导自己在空间中穿梭的能力。

这样看来,手术并没有完全失败。H.D. 的眼睛和脑又开始一起工作了,但她自己对于这样的进步仍然很不满意。虽然她已经在某种程度上恢复了视力,但她所希望的不只是这样。事实上,这只会让她感到更加悲伤,更加难受。她透露了一个可怕的事实,那就是,就像盲视一样(也许这真的就是一种盲视),她的视觉缺乏任何主观感官品质。20 年来,她一直抱着这样一个想法生活,如果她能像别人一样看到东西,那该有多好。她听过很多关于视觉体验神奇之处的描述、故事和诗歌。然而现在,她的部分梦想实现了,但她感受不到好处。

从思考"盲视"是什么样的得出结论,我猜测,让 H.D. 的视觉变得这般相

38

对没有价值的原因就是缺乏现象品质,她没有体验到视觉是属于她的。确实,这种视觉无法对她的自我感(sense of self)做出贡献。她觉得被骗了,这是对她所想象的一切的嘲弄。结果,她很快就拒绝继续接受测试。她不再让我带她出去看风景了。事实上,她开始反感这么做。正如我们在科学研究报告中所写的:"'看见'对她来说不仅不是一项有意义的活动,反而成了一项令人厌烦的责任,独留她一个人时,她很快就失去了兴趣。"[1]她变得越来越抑郁,几乎要自杀。最后,她以巨大的勇气,重新掌控了自己的处境:重新戴上墨镜,拿起手杖,她回到了以前普通失明的状态。

　　这当然是一个特殊的案例,而且我同意丹尼特的观点,对盲视进行过多的解读是很危险的。尽管如此,H.D.的案例一直伴随着我——万一我忘了就会提醒我,现象意识对一个人的自我感有多么重要。回想第5章末的问题,这里就有一个活生生的例子,对一个人来说,无情识的知觉(percipience without sentience)是不够的。H.D.无法用青蛙的视觉"活得很好"[2]。

---

① Carol Ackroyd, Nicholas Humphrey and Elizabeth Warrington (1974). Lasting Effects of Early Blindness:A Case Study,*Quarterly Journal Experimental Psychology*,26,114−124. 我在这里添加了一些发表的论文中没有的细节。

② 神经心理学家保罗·布罗克斯(Paul Broks)提出,盲视伴随的部分自我丧失与科塔尔综合征(Cotard's syndrome)患者出现的更严重的自我丧失之间有相似之处。科塔尔综合征患者会断然宣称他们已经死了。在他2018年出版的《夜越黑星越亮》(*The Darker the Night the Brighter the Stars*)一书中,布罗克斯描述了他研究的一个案例:"是什么让你认为你已经死了?""因为我现在什么都不是。我不再存在……"科塔尔综合征是一种自我知觉的紊乱,在这种紊乱中,正常的具身知觉和在当下的意识似乎受到了严重的破坏……在科塔尔综合征中,存在一种当下自我的消解,以至于到了体验到自己不存在的地步。这些患者是否存在现象知觉障碍?很难知道。但重要的是,在一位接受脑扫描的患者中发现,患者大脑皮层的活动明显减少,而皮层下区域仍然正常。

第8章 夜晚的红色天空

1967年,我和韦斯克兰茨一起搬到了位于牛津帕克斯路的维多利亚式别墅内的心理研究所。我继续与海伦一起工作。但在花园尽头的一间小屋里,我也开始了一个新的研究方向。表面上这是关于动物审美的,我打算测试恒河猴是否喜欢特定的颜色。对我来说,这是一个方向上的改变,我不再研究脑。但我也有一个隐藏原因,没有说出来,我想从另一个角度来处理意识问题。

我用来测试颜色偏好的装置非常简单。我让猴子坐在一个小黑屋里,屋子后墙上有一个半透明的屏幕,可以用投影仪照亮它。当猴子抓按面前的按钮时,某种颜色的光就会铺满屏幕。当猴子松开手时,光就会消失,它又处于黑暗中了。当它再次抓按时,它会得到另一种颜色的光。猴子不喜欢坐在黑暗中,所以通常会在大部分时间内按住按钮;但是,猴子似乎也喜欢变化,所以会时不时地松手,在不同的颜色之间切换。通过把猴子分别在每种颜色上停留的时间加起来,我希望能判断出它更喜欢哪种颜色(见图8.1)。

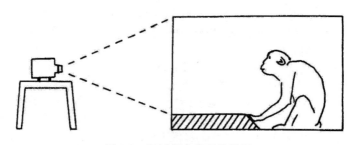

图8.1 测试颜色偏好的装置

结果很有戏剧性。10只猴子全都表现出同样强烈的偏好模式。它们将大部分时间花在光谱的蓝色一端,而在红色一端花的时间最少(在亮度相等的情况下)。如果在蓝色与红色之间直接选择,它们花在蓝色的时间是红色的三倍以上。[1]

两年后,我才有点羞涩地向我的同事解释我在做什么。我最近偶然看到了自己在1969年的一次研讨会上的演讲稿。演讲的开头是这样的:

当研究所里的人问我过去一年多在那个小屋里做什么时,我可能会相当茫然地回答:"哦,猴子的审美实验——你知道,对颜色的鉴赏等。"与我谈话的人都会报以礼貌但质疑的微笑。他们也许会说:"真有趣。你知道吗,康拉德(Conrad)总是挑绿色的东西……"讨论就这样尴尬地结束了。我知道是我的错,因为我没有认真向所有人解释我在干什么。今天我想试着坦白交代。我将描述一些相当简单的实验,即猴子对不同颜色和亮度的光的偏好。但我做这些实验的原因一点也不简单,也许当你知道原因后,你就会明白为什么我一直保持沉默了。上学期我对约翰·莫伦(John Mollon)说:"约翰,我想我已经找到了一种方法,可以一探猴子的意识体验。"他只说了一句:"尼克,你不是认真的吧。"但我从过去到现在都是认真的。我相信我所发现的偏好反映了猴子的视觉感觉,以及猴子对照射到眼睛上的光的颜色的主观感受,而不是它对外部世界里彩色事物的知觉。我们所看到的是有意识的感觉的品质,这种私下体验在公共场合表现出来。

我想这是一个轻率的主张。神经科学家理查德·帕辛厄姆(Richard Passingham)在回忆当年牛津大学的气氛时写道:"当我还是个学生的时候,提到意识会让我的导师笑话。只有拉里和盲视让意识研究赢得了尊敬。"[2]但这次研讨会是在人类盲视被发现之前。而当时,我一直把有关海伦视觉本质的想法藏在心里。

为了在会上说明观点,我通过援引里德,使用了一个迂回的论证方法。内容如下:感觉是关于主体感官上发生了什么的心智状态。知觉则是关于外部世界中对象的存在。假设我们想独立于知觉来研究感觉本身的心理效应,那么,如果我们向身体表面施加两组截然不同的刺激,但这两组刺激却揭示

---

[1]Nicholas Humphrey (1971). Colour and Brightness Preferences in Monkeys, *Nature*, 229, 615—617.

[2]Richard Passingham (2018). *Speech at Memorial for Larry Weiskrantz in Oxford*, 8 June.

出外部世界中同一个事物的存在,我们也许就能发现感觉的心理效应。如果被试对这些刺激的评价不同,这一定是感觉而不是知觉引起的。

让我们来思考一个涉及"感官替代"的实验,你就是被试(这只能是一个思想实验,因为在1969年,还没有人在实践中尝试过类似的事)。思考一下,假设通常由你的耳朵处理的环境中的声音信息,以电视屏幕上的声波图形式呈现给眼睛,对你来说会是什么样的。为了便于论证,我们假设,经过足够的练习,你能够在视觉上知觉到所有你通过听觉知觉到的东西。那么,鉴于你对外部事件的知觉是相同的,使用哪个感官通道对你来说重要吗?

如果你是一个知觉声音的机器人,我想答案可能是:不,你对刺激的模态漠不关心。但鉴于你是一个人,答案一定是:是的,这显然很重要——不一定总是如此,但有时肯定是这样。例如,想象一下,用耳朵听到婴儿的哭声(或者粉笔在黑板上发出的尖锐声……或者钢琴奏鸣曲)和用眼睛看到屏幕上的声波图之间的区别。

用猴子做这个实验很棒!如果猴子显示出它喜欢一种感官刺激胜过另一种,当知觉信息保持不变时,这肯定会成为初步证据,证明它的选择就像人类一样,受感觉品质的支配。

遗憾的是,我不得不承认这并不是我真正在做的实验。用猴子来做感官替代的实验并不是一个可行的办法。所以,我选择了退而求其次。我没有让猴子在携带相同知觉信息的不同刺激之间做选择,而是让其在实际上不携带任何外部世界信息的刺激之间做选择。

猴子在测试室里完全看不到东西。猴子的眼睛里只有有色的光,但没有吸引其的有色物体。更重要的是,从一个按钮到下一个按钮,屏幕颜色的变化是完全可以预测的。因此,我推断,如果猴子在这种情况下确实喜欢坐在蓝光下而不是红光下,这不可能是因为它喜欢蓝色的东西而不喜欢红色的东西,这一定是因为它喜欢蓝光进入眼睛的感觉胜过红光进入眼睛的感觉。

解释了基本原理后,我接着描述目前为止我的实验结果。我以华丽的辞藻结束了演讲:

事实就是,我发现这些行为偏好证明了,猴子对到达它眼睛的光线颜色有强烈的主观感受。这些感受肯定反映了它体验到的感觉品质。我希望你们会同意,这证明了我一开始时的主张——也就是让约翰·莫伦不屑的那个主张——我已经找到了一种呈现猴子的意识体验的方法。

当然,并不是所有人都同意。事后我得知,我的一位资深同事杰弗里·格雷(Jeffrey Gray)认为,他可以彻底推翻我的结论。然而他很好心,没有直接告诉我这一点,我也从未听过他的理由。

回顾起来,我发现这个哲学论证有缺陷。我稍后将讨论其中的一些问题。但是,如果说在那次研讨会上我有什么尴尬的错误之处,那不是哲学,而是科学。因为,我很快就认识到,有另一种方式来解释我得到的实验结果。

我开始测试猴子对颜色的偏好,而且相信自己找到了猴子的偏好。正如我所说,猴子用按钮替换不同的颜色。就平均而言,猴子按住按钮选择蓝光所花费的时间确实比红光长。我把这解释为猴子更喜欢蓝光。但这正确吗?

那天晚些时候,我想起了一个关于木虱的经典实验。如果把一只木虱放在一个一端潮湿、另一端干燥的盒子里,它会明显地随机四处游移,但总的来说,它会在潮湿的一端待得更久。这是因为当它感觉到干燥的空气时,会走得更快,因此大概会更快地离开干燥的一端。但是没有理由认为木虱有任何主观的偏好:它喜欢潮湿的环境胜过干燥的环境。

现在就我的猴子而言,假设猴子随机地按下和松开按钮,但通常而言它在红光下比在蓝光下做事更快,那么最终猴子在蓝光下所花费的时间就会更长,因为其倾向于在红光下更快松开按钮。但同样,这可能与主观偏好无关。

因此我认识到我必须做一个明显的对照实验。当猴子松开按钮并再次按下按钮时,我不应该让光线的颜色发生变化,而应该让它保持不变。例如,不应该是红—蓝—红—蓝,而应该是红—红—红—红,或者蓝—蓝—蓝—蓝。问题是:猴子会不会为同一颜色松开后再次按下按钮,但在出现红光时倾向于更快松手?

当我做这个实验时,结果正是如此。的确,即使颜色没有变化,猴子也会愉快地继续开灯和关灯,但红光保持的时间确实比蓝光更短。我证明了我之前的解释是错误的。这与时间有关,而与偏好无关。

我不否认我曾为实验装置感到得意。即使我现在不得不以其他的方式来解释这些发现,但我至少可以说,它们是关于猴子如何受有色光影响的真实发现。但我很快认识到这里可能还有另外一个问题。真实并不一定意味着现实或自然。事实上,我不得不承认,从猴子的角度来看,这个设置完全是人为的。

在自然界中,没有任何地方的猴子可以通过按一个按钮就能瞬间改变天空的颜色。当时在我的职业生涯中,我还没有听说过"生态效度"(ecological validity)这个词,其意思是与野外条件一致,但显然我的设计并没有生态效度。

当我回到剑桥大学,来到马丁利的动物行为学系时,我决定用一种更接近猴子可能在自然中遇到的情境的实验装置来重新检验这些发现。我没有让所有的事情都发生在同一个空间里,而是建造了一个箱子,箱子里有两个隔开的房间,两个房间由一条短通道连接起来,猴子可以通过短通道在两个房间里随意穿梭。房间被连续投射到每一个后墙屏幕上的有色光照亮(见图8.2)。[①]

图8.2 实验装置

事实证明,猴子在这种情况下的行为与我之前所发现的完全一样。当一个房间是蓝色,另一个是红色时,猴子会在蓝色的房间里坐上几秒,随后起身去红色的房间。之后,猴子不断地穿梭,但在蓝色房间里待的时间平均要比红色房间长;如果两个房间都是蓝色的,或者都是红色的,猴子仍然会保持移动,但同样还是在蓝色房间中待的时间较长。

通过观看闭路电视,我发现猴子的行为耐人寻味,不容易解释。猴子在

[①] Nicholas Humphrey and Graham Keeble (1978). Effects of Red Light and Loud Noise on the Rate at Which Monkeys Sample Their Sensory Environment, *Perception*, 7, 343-348.

房间之间移动的方式似乎一点都不刻板或机械,也不是漫无目的地游荡和意外进入通道;相反,每一个动作看起来都是有目的的。猴子本来看起来满足地坐着,然后突然变得警觉起来,扫视四周,并迅速穿过通道来到另一边。

　　然而,当我分析猴子决定移动的详细时间时,我惊讶地发现这里有一些机械性,几乎像钟表装置一样。我测量了"回合长度"(bout lengths)——猴子在移动前停留的时间,时间从几秒到30秒,甚至更多。根据这些数据,我计算出了"存活图"(survivorship graphs),显示猴子在移动之前至少会待多长时间。

　　图8.3展示了两个房间都是蓝色或都是红色时,七只猴子所待时间的平均值。如果你看一下持续待至少10秒的回合,就可以发现在蓝光下大约是50%,在红光下大约是30%;对于持续30秒的回合,在蓝光下大约是10%,在红光下只有约3%。

　　真正值得注意的是,两种颜色的分布都几乎呈直线。这意味着回合长度符合"泊松分布"(Poisson distribution),即无论猴子已经待了多长时间,它决定在近期内移动的概率都是一样的。

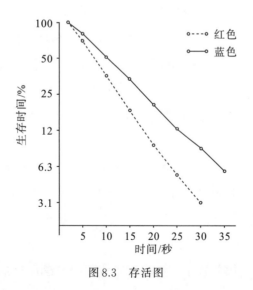

图 8.3　存活图

　　用一个简单的模型来描述就是,假设猴子每隔 H 秒抛一次硬币,如果硬币是正面朝上,它就移动;如果是反面朝上,它就留在原地,H 秒后再次抛硬币。因此,有时它抛一次就能得到一个正面,然后移动,但有时它需要多抛几次之后才能移动。H越短,也就是说,它抛得越频繁,就有可能越快得到一个正面,并移动。

H对应的是曲线的斜率。正如你所看到的,红光的斜率比蓝光的大。如果在红色中决定是否移动比在蓝色中更快,就会产生这种直线——实际上快50%左右。

这就有力地证实了颜色影响的是时间,而不是偏好。但是,更重要的是,证据表明这种情况以一种令人惊讶的有规律的方式发生。这可能不是我最初要寻找的结果,但它也达到了将猴子的私人体验更好地公开呈现的目的。谁会想到视觉感觉的品质会对决策频率这样一个简单的行为变量有如此直接的影响呢?

这项新实验也为迄今为止的一个谜题提供了线索。我曾经测试过大约30只猴子,不论性别和年龄,每只猴子对颜色的反应都是一样的。很明显,这是一种演化的特征,自然选择已经让这种特征在猴子的脑中根深蒂固了。这意味着该特征一定对野生猴子有生存价值。但由于我最初的测试环境太不自然了,所以很难想象这种价值是什么。

然而,新情况应该更容易与自然界中猴子的行为生态学联系起来。首先要解释的是猴子的变化。猴子究竟为什么要在两个房间之间穿梭,即使两个房间是一模一样的,显然这是故意的。对我来说,我知道通过移动并不能学到什么,这似乎完全是在浪费精力。然而,猴子知道我做了什么吗?它如何确定呢?

请看图8.4中的内克尔立方体(Necker Cube)。你先从这个方向看它,再从那个方向看,最后回到从这个方向看。你应该知道一切都没有变化。然而,仿佛有一种心智抽动(mental tic)驱使你继续"采样"各种可能性,以防万一。我猜猴子也是如此。由于同一时间只能在一个地方,猴子永远无法确定在另一个房间自己错过了什么,因此猴子时不时地有一种想去看看的冲动。

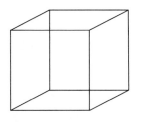

图 8.4　内克尔立方体

在现实世界中,这种周期性检查(periodic checks)显然是适应性的。现实世界与测试室不同,不能指望它长期保持稳定。如果猴子要保持自己不断获得信息,就必须定期对环境中隐藏的部分进行采样。但猴子既不能太过执着,也不能太过漠不关心。明智的策略是将连续的观察隔开,以能够反映重要事物可能已经发生变化的概率为准。如果环境的某些特征在过去被证明是可以说明环境变化程度的可靠指南,我们可以认为猴子天生就会注意到这个特征。

颜色的变化的确是自然界的一个特征,而且这个特征与变化的风险相关,那就是天空的环境光。在黎明和黄昏时分,当猴子在一个危险潜伏、捕食者活跃的阴暗世界里觅食时,天空是红色的。中午,当猴子放松时,天空是蓝色的。

我已经在科学方面取得了进展。但科学是否有助于理顺哲学,还有待观察。

结果显示,颜色和采样频率之间有如此整齐的关系,这让我非常吃惊。我在一本备受认可的期刊上发表了这些结果,并等待其他科学家的注意。但没有人注意到,不久我也就将其置于一边了。多年后的今天,当我回顾这些工作时,我依然非常惊讶。事实上,随着哲学上的成熟(希望如此),我现在觉得这些结果甚至更加发人深省。

这是因为,作为现象意识理论(我将在本书后面的章节解释这个理论)的一部分,感觉的主观品质必须在行为倾向上是可兑现的,我已经转向了这个观点,丹尼特也特别支持这个观点。感觉当然不只是一种行为,作为所有事物的整体,感觉激励主体思考、行动、言说。颜色体验与采样频率这样一个明确的认知参数相一致,这一事实对未来关于感受质的神经科学(neuroscience of qualia)研究来说是个好兆头。

　　同样地,这些结果还提出了一个挑战,我也想马上引起大家的注意。目前为止,在描述这些实验时,我回避了第一人称问题:成为一只坐在测试室里,沐浴在有色光下的猴子,究竟是什么感觉?

　　猴子是灵长类动物,其眼睛和脑与我们的很相似。我相信大多数人都理所当然地认为猴子是有情识的生物,猴子的感官意识与我们的相似。因此,我们很容易假设,人类可以通过想象如果我们处在猴子的处境是什么样子,来猜测猴子会是什么样子。但是,不要这么快下结论! 有两点考虑与此相反。第一个考虑是,我们不应该假定我们可以想象猴子的处境,除非真正尝试过。而据我所知,没人这么做过。这个箱子太小了,一个人根本进不去;而且我也没有资源来建造一个真人大小的箱子(当然我希望能做一个)。我同意有可能我们已经尝试了其他类似的情况。我自己遇到的最接近的是美国灯光艺术家詹姆斯·特瑞尔(James Turrell)创造的彩色房间。但是,这些装置被认为是艺术的本身就强调了一个事实,即我们在它们之中体验到的感觉并不寻常,且不能基于更为日常的经历轻易猜测。

　　第二个考虑可能更重要。由于同样的实验还没有在人类身上进行过,我们还不能从科学的事实上论述,如果我们在测试室里接受测试,你或我是否会时不时地感受到一种冲动,想站起来,到另一个房间去,而且在红光下的速度比蓝光快。我当然不会断定。而且,如果我们的行为方式与猴子不一样,这将是一个强烈的迹象,表明我们也不会有相同的主观体验。事实上,正如丹尼特所说的,如果体验的品质是由行为倾向构成的,那么我们的体验和猴子的体验就必然是不同的。

　　多么令人惊讶的实验结果啊! 我这样说是有感而发,因为随着事情的发展,我很快就要放弃做实验室实验了。20世纪70年代末,我在马丁利的猴子开始一只接一只地死于一种神秘的被称为胃胀综合征(bloat syndrome)的疾病。一只我认识了好几年的动物,前一天晚上还很健康,第二天早上就气鼓鼓地死了。我根本没有心思或资金重新开始。无论如何,我被拉进了一个不同的研究领域。

第9章 天生的心理学家

正如我说过的,马丁利主要是动物行为学系,在那里工作的人们对野生动物的行为很感兴趣。我到那里工作后不久,就认识了戴安·弗西(Dian Fossey),她刚访问完卢旺达维龙加山脉(Virunga mountains)的营地回来,她在那里研究山地大猩猩。戴安当时正在剑桥大学攻读博士学位,师从罗伯特·欣德(Robert Hinde),他曾指导过珍妮·古道尔(Jane Goodall)开展黑猩猩研究工作。

相比于学者,戴安更像个冒险家。她与剑桥大学格格不入,心情也不好。我总能在实验室找到她,她会在那里待到深夜,闷闷不乐地坐在桌子前,一根接一根地抽烟,喝完一罐又一罐可乐,同时又努力把她的野外笔记整理成一篇能得到欣德认可的论文。她给我看了欣德在她论文上用红墨水写下的评论。她写道:"伯特大叔(一只银背大猩猩)向我冲来,但在几英尺外停了下来,脸上带着尴尬的表情。"欣德在上面潦草地写着:"我告诉过你多少次了,你真的不能再用这类语言了。"但是,她向我抗议说,这是事实,它确实露出了尴尬的表情。

我们聊了起来。我谈海伦、猴子的脑和意识,她谈意识、大猩猩的心智和伯特大叔。我们很快制定了一个计划,等她回到野外后,我就去拜访她几个月。恰好,那时正处在工作间隙,我有充足的时间。米雷耶还没有向我展示她是如何驯服海伦的,而我正好在等待继续进行颜色研究的经费获批。为了证明我去那里的花费是合理的,我必须有一个项目。戴安有一个想法。就在她离开卢旺达来到剑桥大学之前,有一家维龙加大猩猩(Virunga gorillas)被当地村民杀害了,八具尸体被找到并运回到她的营地。由于山地大猩猩的骨骼罕见,因此必须有人对骨头做详细的测量,尤其是头骨。诚然,我明显不是干这个的。尽管如此,我们还是动用了一些关系,说服了皇家学会(Royal Society)提供紧急资助。

我在剑桥的达克沃斯博物馆(Duckworth Museum)待了一周,向人类学家科林·格罗夫斯(Colin Groves)学习骨测量法的基本知识。我借了一套卡尺。1971年初,我出发去与戴安会合。

她的营地是由几间铁皮小屋组成的,地处一片草地的边缘,坐落于海拔3000米的两山之间的鞍部。山坡上覆盖着古老的苦苏树(Hagenia trees),上面长满了藤蔓和兰花。雪经常在夜晚落下,但在早晨的阳光下融化。西边的夜空被喷发的米克诺火山(Mount Mikeno)照亮,变成了火红色。

在爬向营地的路上,我已经听到了远处大猩猩拍打胸脯的声音。我迫不及待地想一睹其风采。但我首先要做的是处理这些骨头。死去动物的尸体被存放在塑料袋里。它们已经腐烂,长满了虫子。我用煤油桶做了一个大锅,在下面生火,把尸体放在水里煮了几个小时。然后我剥去软化的肉,取出骨头,重新组装骨架,并把它们放在外面晾干。在接下来的几天里,我测量了长骨和头骨。

我想不到这些测量结果能揭示什么异常之处。对我来说,它们只是我看到活体动物的门票。但我还是得到了一个惊喜。有四只山地大猩猩的头骨被证明明显是斜的,左边的头骨比右边的长。如果山地大猩猩的头骨是不对称的,那么它们的脑是否也会像人类那样不对称呢?这对山地大猩猩的智能有什么影响呢?答案要等我回到剑桥并向科林·格罗夫斯请教后才能揭晓。一年后,我们的论文《山地大猩猩头骨的不对称性:脑功能偏侧化的证据》发表在《自然》上。[1]

与此同时,我听说了一些关于戴安的事,但我宁愿不知道。戴安自己说,这群山地大猩猩是被偷猎者杀死的。然而,营地里的流言却讲述了另一个故事。在与为她干活的人交谈时,我听到了村民们的说法。戴安认为偷猎野生

[1] Colin Groves and Nicholas Humphrey (1973). Asymmetry in Gorilla Skulls: Evidence of Lateralised Brain Function?, *Nature*, 244, 53—54.

动物的人是从他们村庄来的,于是决定还击。她戴着万圣节面具,突袭了村子,抓走了一个小男孩,并关了他好几天。愤怒和羞辱的村民采取了唯一可行的报复方式:杀死她最关心的动物。

我很快就目睹了戴安的阴暗面。她的勇敢堪称传奇,但她的残忍也是如此。她是个毫无歉意的种族主义者,她用贬损的语言谈论她雇来协助她的卢旺达人,对他们毫无尊重。她也会对白人——学生、同事,任何得罪她的人怀恨在心。"你猜怎么着?"当我回到英国时,她写信给我道,"一个欧洲游客被第6组的银背大猩猩咬成了一个汉堡包。不用说,对此我没什么同情心"。

她酗酒。在营地里,我沮丧地看到,我在剑桥遇到的那个深情、体贴、可爱的黛安是如何在她的家乡变成了一个喝着威士忌咆哮的麦克白夫人(Lady Macbeth)。对她周围的人来说,要经常预测她的情绪并保持中立(见图9.1)。①

图9.1　作者与戴安·弗西(1971年摄于卢旺达,吉塞尼)

不过,值得庆幸的是,这些问题一开始不是那么明显。两周后,我完成了骨头研究,并准备去观察活生生的动物。

①哈罗德·海耶斯的传记中记载了黛安·弗西的阴暗面, Harold Hayes (1991).*The Dark Romance of Dian Fossey* (London:Chatto & Windus).海耶斯描述了从目击者那里获得的关于她的疯狂行为和残忍行为的多个例子。

我们计划黎明时出发,追踪一个特定的群体,与它们度过一天,有时甚至到晚上。第一次去的时候,我和一位经验丰富的卢旺达向导一起。但我很快就认识到,没有必要跟着向导,这反而是一种约束。大猩猩在森林中移动时,会留下很明显的痕迹,而且它们也不难追。没有另一个人的陪伴,我可以按照自己的方式进入大猩猩的空间。

我会在大猩猩的外围为自己建造一个临时的藏匿处,安顿下来,抓一把植物来咀嚼,然后坐等着看会发生什么。

在那个童话般的地方,我与十几双黑眼睛相互注视着,我想知道它们下一步的行动,它们无疑也想知道我的,我开始陷入了关于主体间性(intersubjectivity)和社会理解的问题。

今天,我们很难相信社会智能(social intelligence)在当时是一个新概念。但在那时我所接受的学术教育中,可以说我从来没有听说过"社会"与"智能"这两个词语被同时提及。

我所接受的教育是,智能与找到明确的物理或数学问题答案的能力有关,而不是与找到混乱的社会问题答案的能力有关。然而现在,有两个因素迫使这些概念结合在一起。首先,通过测量它们的头骨,我清楚地知道,这些大猩猩的巨大的脑比其他森林动物都要大得多。巨大的脑肯定意味着在解决问题时有更高的智能和技能。其次,正如我观察它们的行为所看到的那样,大猩猩在森林中很少有真正需要解决的问题。食物丰富且容易收获,没有来自捕食者的危险——事实上,除了吃、睡和玩,大猩猩几乎没有什么可做的(并且很少做过什么)。

从演化的角度来看,这没有道理。如果不需要的话,为什么要大费周章地去发展一个很大又耗能很高的脑呢?我认识到答案肯定是,大猩猩表面上简单的生活方式比我所看到的要复杂得多。是不是有什么事情,也许就在我眼前,只是我没有注意到,或者至少没有认识到这些事情需要很高的智能。

我试着把自己放在大猩猩的处境中去想象,如果有的话,究竟有什么需要耗费它们的心神(minds)。但我发现自己也要想想,究竟有什么需要耗费我们的心神。我真正的问题在哪里?在剑桥的家里,还是和戴安在营地里?……事实上,我从未停止思考我与他人的关系。如果我这么做的话,她会怎么做？但假设我那么做的话,她是否又会做其他的什么事?

然后我恍然大悟,对这些大猩猩来说也是一样的,它们的问题肯定首先是社会问题。

日复一日的生活对大猩猩来说几乎没什么问题,这是因为大猩猩家族作为一个社会单元已经很好地适应了它。一个在别人的照顾下成长的婴儿,从小就受到保护,学会在森林中生活,在面对生存的实际问题时不会有任何困难。然而,在家族群体中维持关系的需求可能会提出一些完全不同的问题。

对一个外部观察者而言,大猩猩的家庭生活可能没有那么多问题,但这只是因为动物本身在这方面做得非常出色。它们彼此非常熟悉,知道自己的处境。当然,肯定会经常发生些小纠纷:谁为谁梳毛,谁应该先吃到最喜欢的食物,或者谁在最好的地方睡觉。但在大多数情况下,这些问题很快就会解决。然而,有时纠纷会很严重,在社会支配地位、交配权、年轻的雄性是否应该被赶出家庭、陌生的雌性是否应该被允许加入它们等问题上存在重大分歧。这些权力斗争可能不会经常发生,但一旦发生,就可能是生死攸关的问题。大多数银背大猩猩身上都有伤疤,那就是在残酷的战斗中留下的。大多数年长的雌性大猩猩至少曾失去过一个孩子,那是被雄性大猩猩杀死的。

每只大猩猩所面临的挑战都是如何在保持它们赖以生存的社会网络的同时,为自己谋得好处。赢家将是那些最善于解读迹象并能预测其他大猩猩行为的大猩猩,从而帮助它们,智取它们,或操纵它们。它们越能理解其他大猩猩的心智,就越有可能将自己的基因传递下去。

简言之,大猩猩天生就需要成为成熟的心理学家:自然的心理学家。我意识到,这将推动智能的演化。研究心理学可能需要用尽大猩猩每一份可用的脑力(brain power)。

这对人类来说有什么启示?毫无疑问,对我们来说,环境中最有希望但也最危险的因素就是其他人。一旦我们的祖先离开森林,开始在大草原上合作狩猎、采集,他们比以往任何时候都更依赖于读懂身边人心智的能力。

人类的社会安排已经演化得比我们猿类祖先要复杂得多。事实上,人脑一直在不断生长。现在它的大小是大猩猩的三倍多,人类的智能也相应地更高。

这个故事很合适。我把这些想法写成了一篇题为《智能的社会功能》的论文。[①]其他研究人员接受了这些想法,并运用它们。15年后,罗宾·邓巴(Robin Dunbar)将我的"社会智能假说"重塑为"社会脑假说"。在邓巴看来,仅仅是脑的大小就决定了一个人能够保持多少关系,因此,大猩猩最多只能保持约15个朋友,而人类可以管理多达150个朋友("邓巴数")。[②]

尽管是我提出的智能与脑的大小有关,但我很快就不像邓巴那样强调大小了。这显得过于简单了。我无法相信,研究心理学所需要的就是额外的脑细胞所提供的原始计算能力。当然,无论你是人类还是大猩猩,你看待其他个体的方式——你把他想象成什么样的演员——将对你预测他的行为和管理人际关系的能力至关重要。

因此,当我在藏匿处,想着成为一只大猩猩是什么感觉,想着大猩猩可能会想着成为我是什么感觉时,我开始关注内省意识的本质作用。除了脑力之外,自然的心理学家还需要一个脑故事,而这似乎正是意识所能提供的。这个故事不是以脑状态来表述的,而是以一种关于意识体验的用户友好叙事来表述的。

看看我们人类。读心(mind-reading),正如人类所实践的那样,是围绕着自我认识(self-knowledge)展开的。我们通过内省发现自己的私密故事。然后,当我们想为他人的心智建模时,就通过想象自己的来建构他人的心智。我们假定他人是一个有意识的主体,他以我们已经习得的方式思考和感受。我们解读他的心智状态,这些心智状态是我们处于他的处境时也会拥有的,并且我们预料,他从这些心智状态中所产生的思想和行动也会遵循从我们的心智状态产生的方式。我们之所以可以这样做是因为——也只是因为——我们自己亲身体验过这些心智状态,并亲眼看到它们是如何联系在一起的。

这可以非常简单。你看到有人刺破手指,也会感受到他的疼痛。你看到有人伸手去拿雨伞,就认为他觉得要下雨了……也可以非常复杂。你想惩罚

---

① Nicholas Humphrey (1976). The Social Function of Intellect, in *Growing Points in Ethology*, ed. P. P. G. Bateson and R. A. Hinde (Cambridge: Cambridge University Press).

② 尽管邓巴数得到了记者和政客们的热情支持,但演化心理学家通常对它持保留态度。一些批评家指责邓巴篡改数据以得到他想要的结果。参见 P. Lindenfors, A. Wartel and J. Lind (2021). Dunbar's Number Deconstructed, *Biology Letters*, 17, 20210158, 2021.

绑架你儿子的戴安,所以你预谋杀死她的一只大猩猩,像她伤害你一样伤害她。

大猩猩是这样想的吗?绑架不至于的话,那关于疼痛和下雨呢?那很有可能。还有关于惩罚呢?或许也是如此。

回到本质上来。大猩猩和我在互相观察对方。虽然这似乎太明显了,不值一提,但我认为在那双眼睛后面是有意识的生物,它在看。而且它的看与我的非常像。我在思考,事情在它看来是什么样的。

然后我进行了一次联想。几个月前,在剑桥的家里,我一直试图想象成为我的猴子海伦是什么样的。我发现,如果我假设她的视觉体验与我的相似,我就无法走得更远。我根本无法解释她行为中的异常现象,例如,她在压力下会如何表现。然而,如果海伦有盲视,那么她的体验事实上与我的完全不一样。这也难怪我的读心会失败。

所以,我有个想法。假设海伦和我一起观察大猩猩,她正试着想象成为大猩猩是什么感觉。以她那无感觉的视觉,她会认识到那双眼睛背后是正在看着自身周围世界的有意识的生物吗?也许不会。

事情渐渐交织在一起。几年后,我写了一篇题为《自然的心理学家》("Nature's Psychologists")的论文,文中我讨论了读心能力如何依赖于共享的意识体验。关于海伦的这种情况,我写道:

我相信,海伦的视觉意识的缺失会表现在她自己对其他由视觉引导行为的动物的想象中,表现在她研究心理学的方式上……由于没有视觉感觉,她不会想到另一只猴子能看见。[1]

---

[1] Nicholas Humphrey (1980). Nature's Psychologists, in *Consciousness and the Physical World*, ed. B. Josephson and V. Ramachandran (Oxford: Pergamon).

第10章　追踪感觉

工　作

在前文中,我讲述了自己作为一个研究者在最初几年较为随机的探索。然而,有一个共同的主题。从一个方向到另一个方向,我都会回到意识问题上,特别是回到哲学上极具挑战的感觉的本质问题。光幻视、盲视、审美偏好、社会智能、心智理论,甚至是宗教敬畏……与它们每一次相遇都让我对这个问题有了不同的看法,并将我引向如今的一两个解决方案。

我现在相信一个相当简单的演化理论可以把这一切联系起来。但是在第10章讨论这个理论之前,我想先准备一下,讨论一些该理论必须回避或解决的哲学问题。你可能会觉得有些问题太烦琐了。我甚至也会同意你的观点,但我希望你能明白为什么我们仍然需要讨论这些问题。

作为表征的感觉

我们已经偏离了我之前给出的感觉和知觉的定义。所以,让我们回到基础。感觉和知觉是心理事件。它们是你根据感官信息,形成的关于你周围发生的事情的观念。感觉是关于在你的感官处发生的东西,知觉则是关于世界的状态。

在认知科学的语言中,感觉和知觉都涉及脑的"表征活动"

（representing）。表征活动是一个主动的过程，形成对某人而言关于某事物的"表征"（representation）。构成该表征的事物被称为"载体"（vehicle）；被表征的事物被称为"被表征物"（representandum）；表征所对应的某人被称为"表征者"（representee）。因此，例如，口语单词dog可以是一种表征，对于说英语的人（表征者）来说，单词的发音（载体）代表了一个特定人或物的观念（被表征物）。请注意，没有所谓的自由漂浮的表征（free-floating representation）。如果脱离了语境，"dog"这个声音根本不能表征任何东西。

表征是为了匹配表征者的利益（interests）而设计的。这意味着，如果存在不同利益的表征者，同样的事实可能由具有不同被表征物的表征所涵盖。例如，伦敦地铁可以用多种方式来代表，其中之一就是我们所熟悉的为旅行者所设计的地铁地图。地图显示了车站的名称、车站在示意图上的相对位置、连接线路、可以换乘的车站、票价等。但另一种地图是为工程师设计的。这种地图显示了隧道的确切地理位置、每个站点的地下深度，通风井、排水池、供电线路等的位置。

感觉和知觉也是如此。它们都是从到达感官的刺激的相关数据开始的，如到达眼睛的光、到达耳朵的声音、皮肤上的压力等。但是随后你的脑会形成两种独立的表征，在两个不同的层面上服务你的利益。一方面，它创造了一种感官表征，让你能够追踪到达你身体表面的刺激的本质，以及它是如何影响你的。例如，你舌头上的甜味，令人着迷；到达你耳朵的噪声，令人不安。另一方面，它创造了一种知觉表征，让你能够追踪外部世界中的对象特征：甜味是蜂蜜的味道，噪声来自婴儿的哭声。

与知觉不同，感觉的关键在于其本质上以身体为中心，可以被评价，是个人的。这就好比你的身体正在表达关于刺激对你而言意味着什么的意见：用一种内在的微笑、内在的退避或皱眉来回应。事实上，正如我们很快就会看到的那样，感觉为什么有如此充分的理由。我将论证，脑用以表征感觉的载体实际上就是一种隐蔽的身体表达形式，这是该理论的核心内容。你对感官刺激的反应就是，做出与正在发生的事情和你对它的感受相适应的（从未完成的）行动。然后你读取自己的反应，以便获得一个关于它的心智图景。

现象属性:真实的还是错觉的?

无论脑实际上做了什么来表征感觉,其载体大概都是某种神经细胞的活动。在这个阶段,不会是任何不能用物理术语描述的东西。但当你形成关于被表征物的观念时,事情就开始变得棘手了。你用现象品质的术语(红色、疼痛、甜味等)向自己描述自己的感官体验,但这些品质在物理现实中似乎没有对应的东西。你的感觉不在物理空间里,感觉甚至似乎占据了一种属于自己的时间,一种比物理瞬间更持久的"厚化时间"(thick time)。

当然,对理论家而言,这敲响了警钟。如果物理过程不具备这些现象属性,那么感觉是如何拥有它们的呢? 这是否意味着它们是某种错觉,一种想象力的把戏? 这已经成为意识哲学中一个有争议的问题。以丹·丹尼特和基思·弗兰克什(Keith Frankish)为首的"错觉主义"(Illusionism)支持者,坚持认为现象属性纯粹是虚构的。在现实世界中没有任何东西能够真正证明这些属性。[1]

不久前,这也曾是我的立场。例如,我喜欢将拥有一种红色的感觉与观察一个"真正不可能的三角形"进行比较,图10.1展示了理查德·格雷戈里(Richard Gregory)设计的木制不可能三角形。[2]当你从左边看这个物体时,你会认为它具有不可能的物理属性。同样地,我认为,当你体验到到达你眼睛的红光时,你会认为它拥有实际上不可能具有的属性。

---

[1] Keith Frankish (2016). Illusionism as a Theory of Consciousness, *Journal of Consciousness Studies*, 11-39.

[2] Nicholas Humphrey (2008). Getting the Measure of Consciousness, in *What is Life? The Next 100 Years of Yukawa's Dream*, ed. M. Murase and I. Tsuda, *Progress of Theoretical Physics Supplement*, 173,264-269.

图10.1　格雷戈里谜物

这个类比不再能让我信服。关于感觉的关键问题是：被表征物到底是什么？你在把这些不真实的属性强加给什么东西？

如前所述，感觉追踪到达你身体表面的刺激的本质，以及它是如何影响你的。因此，红色的感觉确实表征了到达你眼睛的光；但是，它的作用不止于此，也表征了你对到达眼睛的光的感受。这正是为什么格雷戈里谜物的类比毫无帮助。因为即使再奇怪，感官感受也根本不同于木制三角形，它们不受物理定律的约束。它们是你的观念，即你拥有发生在你身上的事情会是什么样的感觉这一观念。据此，它们就可以拥有任何在演化过程中被证明适用于描述主观状态的属性。如果这些属性被证明是非物理的，甚至准物理的（para-physical），那恰恰正是我们所期望的。这并不意味着这些现象属性是无效的或"错觉的"，被抹掉。相反，我们应该欢迎它们的存在，欢迎它们为你的存在感所做的一切（当然，我们的理论将不得不解释这一点）。①

---

①我曾建议，我们或许可以更好地把现象属性称为"超现实的"（surreal）。错觉论和实在论都没有解决意识理论的核心问题，即我们如何表现我们与感官刺激之间的有意义的关系……我有一个建议：现象超现实主义中"超现实的"意义最初是由毕加索赋予的。"当我发明这个词的时候，我想要比现实更真实的东西……我所追求的相似是一种比真实更深刻、更真实的相似，就是这种相似构成了超现实。"正是出于这种精神，毕加索评价自己的伟大山羊雕塑："她比真正的山羊更像一只山羊，你不觉得吗？"因此，我的想法是：就像毕加索的山羊比真正的山羊更像山羊一样，现象的红色比真正的红色更红，现象的疼痛比真正的疼痛更疼。一般说来，感觉中被表征的现象属性比实际生理学事件中产生的要更真实。通过加入我们如何感受它的关系维度，可以说，感觉已经超越了刺激的物理现实。Nicholas Humphrey（2016）. Redder than Red：Illusionism or Phenomenal Surrealism, *Journal of Consciousness Studies*, 23, 116—123.

现象属性:外面还是里面?

奥斯卡·王尔德(Oscar Wilde)曾写道:"在脑中,罂粟花是红的,苹果是香的,云雀会歌唱。"[1]当然,大多数人都知道这一点。他们一生都在摆弄自己的感官(可能只是挤压他们的眼球),他们已经找到了大量的证据来证明现象属性是自己的主观创造。

然而,事实仍然是,即使你可能很清楚,感觉本质上就是你如何与外部刺激相联系,但你也可能会产生一种错觉。你可能会发现自己不经意间相信,你归因于你个人感觉的属性实际上存在于你所知觉的外部对象中:罂粟花在现象上是红的,苹果在现象上是香的,云雀的嗓音在现象上是响亮的。

哲学家大卫·休谟(David Hume)对此颇有论述:

这是一个普遍的观察,心智有一种很大的倾向,会将自己扩展到外部对象上,并将这些内在印象与它们联结起来……因此,由于某些声音和气味总是伴随着特定的可见对象,我们便自然地想象那些对象和品质甚至有一种空间上的结合,虽然那些品质不承认这种结合,它们也不存在于任何地方。[2]

休谟指出这是一个逻辑错误。同样里德也说:

知觉及其相应的感觉是同时产生的。在我们的体验中,我们从未发现它们是分开的。因此,我们被引导认为它们是一个东西,给它们一个名字,并混淆它们的属性。要想在思维中把它们分开,分别关注它们自身,而不把属于一个事物的东西错归于另一个,这非常困难。[3]

一般来说,理论家都赞同休谟和里德的观点,把这种投射看成一种概念错误,一个可能不太重要但也没什么可取之处的错误归属。然而,作为一名演化论者,我倾向于认为,如果人类有犯错的"巨大倾向",那么这也可能有积极的一面。事实上,我认为哲学先贤普遍低估了我们人类做这种特殊错误归

---

[1] Oscar Wilde (1905/1950). *De Profundis: The Complete Text*, ed. Vyvyan Holland (New York: Philosophical Library).

[2] David Hume (1739). *A Treatise of Human Nature*, Book I, Part III, section XIV.

[3] Thomas Reid (1785/1969). *Essays on the Intellectual Powers of Man*, Part II, Ch. 17 (Cambridge: MIT Press).

属时的益处。

这里有一个重要的考量。如果你遇到一个外部世界中的特定对象,它使你身上产生了一种特定的感觉,那么很可能它会使任何与它互动的其他人身上产生类似的感觉(当然,下次你也还是如此)。你看见罂粟花时,它会让你产生红色的感觉,那么它对别人也是如此。因此,我们可以说,罂粟花有"红色－效力"(rubro-potent),能引起人类潜在的红色感觉。同理,糖有甜味－效力,冰块有冷－效力,玫瑰有香－效力。所以,你说罂粟花在现象上是红色的是错的,你要这么说才对:罂粟花看上去现象上是红色的,糖尝起来现象上是甜味的,冰块感受起来现象上是冷的,玫瑰闻起来现象上是香的。

这些效力是你赋予对象的真实属性,即便是次要的。每次当你把你的感觉投射到一个知觉对象上时,你都在预测另一个人遇到它时将会是什么感觉。你知觉为物理上红色的罂粟花同时正在变成对人类来说感受为现象上红色的罂粟花。冷知觉正在被主观上共享的热感觉所覆盖,甚至被劫持。

我一直想跟你们分享一个故事。我认识一位画家,萨吉·曼(Sargy Mann),他的视力多年来一直在恶化,直至突然间完全失明。几天后,他在画室里彷徨,思考自己余生要做什么,认识到自己唯一仍然想做的事情就是画画。他倾诉道:

过了一会儿,我想:"好吧,开始吧",然后刷了一笔深蓝色。接下来发生的事使我产生了一生中最奇怪的感觉之一,当我放下颜料时,我"看到"画布变蓝了。然后,当我放下红颜料时,我"看到"画布变成了玫瑰色。这种颜色的感觉没有持续很久,它只有在我放下颜料时才出现,但出现在不同的颜色上。[1]

你可能有更好的看法,但我的看法是这样的。画家的工作就是向人们展示看世界的新方式。要做到这一点,画家必须加强对自己视觉意识的控制。他放下颜料,是为了让感觉与自己的意境(artistic conception)相一致。因此,在那些令人心碎的看不见绘画的最初时刻,曼重新创造了色彩感觉,并仍希望把这种感觉借给别人。

---

[1] Peter Mann and Sargy Mann (2008). *Sargy Mann: Probably the Best Blind Painter in Peckham* (London: SP Books).

难问题:解释鸿沟

接下来的问题可能是困难的。假设感觉及其现象属性是由脑产生的,那么,就如哲学家丹·劳埃德(Dan Lloyd)指出的,我们需要一个"透明理论"来解释这一工作原理。"一旦你得到了,你会觉得任何这种构造的东西都会拥有特殊的意识体验。"[1]

问题是,即使只是在原则上,我们要如何才能得到这样的理论。由无意识的物理砖砌成的东西怎么可能令人信服地形成有意识的大厦呢?以这样或那样的形式一次又一次提出的反对意见就是,物理物质不足以作为原因来产生作为其结果的现象意识。不可能无中生有,就意识而言,物理脑就是那个"无"。

哲学家柯林·麦金(Colin McGinn)生动地描述:

无须进一步解释,你不妨断言,空间源自时间,或数字源自饼干,或伦理源自大黄粉……物质不可能产生意识。脑的物理属性如何产生现象特征?……物理脑没有资源来完成你要求它所做的那种生产工作,它不是一个神奇的盒子。[2]

就像笛卡儿那样,与达尔文共同发现了自然选择进化论的阿尔弗雷德·拉塞尔·华莱士(Alfred Russel Wallace),用这个论证作为托词,让一个"聪明的设计师"从后门溜了进去:

迄今还没有生理学家或哲学家敢于提出一个可理解的理论,说明感觉如何可能是物质的组织的产物;许多人宣称从物质到心智的通道是不可思议的……任何部分中都不存在的东西,你更不可能从整体上拥有它……我从这类现象中得出的论断是,有一种超级智能引导人类朝一个明确的方向发展。[3]

其他理论家,像泛心论者,则得出了一个更为激进的论断。如果无法想

[1] Dan Lloyd (1990). *Radiant Cool* (Boston, MA: Bradford Books).

[2] Colin McGinn (1993). Consciousness and Cosmology: Hyperdualism Ventilated, in *Consciousness*, ed. M. Davies and G. W. Humphrey (Oxford: Blackwell).

[3] Alfred Russel Wallace (1869/2009). The Limits of Natural Selection as Applied to Man, in *Contributions to the Theory of Natural Selection* (Cambridge: Cambridge University Press).

象意识可以从无意识的物质中涌现,但意识又确实是从物质脑中涌现的,这就意味着脑的物质一开始就是有意识的。事实上,可能宇宙中所有物质在很小的程度上都是有意识的。泛心论的狂热支持者菲利普·戈夫(Philip Goff)所依据的论点与笛卡儿如出一辙。他说,意识是由其质来定义的,你不能从量中获得质。"现实可以用纯粹定量术语来描述,就等于说现实没有定性属性。"①

关于泛心论,我在第16章有更多的论述。现在,我只简单陈述自己的观点,即泛心论无法提供其所宣称的东西。它甚至没有一个版本接近于劳埃德所谓的那种"透明理论",这种理论允许任何这样构造的东西都拥有特殊的意识体验。相反,泛心论毫无理由地假设,意识实际存在于任何地方。这么做,只会让我们更加不明白。正如伯特兰·罗素(Bertrand Russell)曾经说过:"'假设'我们想要的东西,这种方法有很多好处,这就像偷窃的利益大于诚实劳动。"②

尽管如此,我认为我们应该承认,充分因果作用原则是值得尊重的。原因必须真正与其结果相适应。你不可能靠自举把自己拉起来,你不可能在一个通信通道的输出中拥有比输入更多的信息,你不可能从数学公理中推导出所有数学真理。这样的例子还有很多。

所以,这里可能存在一个问题,即在脑与感觉的现象属性之间存在"一道解释鸿沟"。但前提是,我们必须坚持这样的观点,即感觉必须以某种方式与脑状态同一。而且,关于这一点,有一项提议搅浑了这片水域,但在许多研究人员看来,这是一项很好的提议。那就是,我们如果要得出一个"透明理论",必须发现意识的神经相关物(neural correlates of consciousness,NCC)。

弗朗西斯·克里克(Francis Crick)和克里斯托弗·科赫(Christof Koch)将NCC定义为"作为特定意识体验发生的充分必要条件的最小神经机制"。你可能会想,这是正确的,我们就需要这样的概念,让意识科学朝着正确的方向前进。然而,问题是,人们会认为这意味着,我们所寻找的脑中的某种过程实际上就具有意识体验的属性。"充分必要"听起来很完整。所以,推论就会变

---

① Philip Goff (2019). *Galileo's Error* (London: Rider).

② Bertrand Russell (1919). *Introduction to Mathematical Philosophy* (London: Allen and Unwin).

成,当你看到红色时,就存在一个拥有现象红色属性的神经相关物。

但是,现在看来,这种假设是完全错误的。当你看到红色时,任何脑活动都不会是现象上红色的,只有一些创造现象红色的观念的脑活动。因此,我们应该寻找的不是意识的神经相关物,而是表征意识的神经相关物(neural correlates of representing consciousness),不是 NCC,而是 NCRC。

反过来这意味着,我们应该寻找一个有两个阶段的过程。有些脑活动是表征的载体。然后在一个完全不同的阶段,脑活动会使这个载体指向观念。我们没有任何理由可以指望这两种脑过程自身会拥有现象属性。

此处一个新的类比可能会有所帮助。与其考虑地铁地图,不如考虑一下小说《白鲸记》(Moby Dick)的文本。假设我们想要解释一个人如何在看到印刷文字后,在脑海中浮现出大白鲸的心智图像。首先,我们必须解释文本是如何讲述故事的。其次,读者是如何理解它的。但是,无论是文本还是意义的构建当然都不需要像白色或像鲸鱼。

这样,不充分因果作用的问题就不那么严重了。的确,笛卡儿相信观念与其他任何事物一样,都需要充分的原因。也许戈夫也持有类似的观点:你甚至不能从量的观念中得到质的观念。但真的没有理由把它当回事。实际上,这与常识和例子都矛盾。一个有限的脑显然可以产生关于无限的观念,一个非道德的脑可以产生关于真善美的观念,一个与价值无涉的脑也能产生关于价值的观念。或者,跳到一个可以让我们更接近现象属性的水平,一个遵循经典物理规律的脑可以提出量子理论。麦金说大脑不是一个神奇的盒子,但实际上,在观念领域,它就是。[1]

毕竟,如果不存在不可逾越的解释鸿沟,那么关于意识的难题就会变成一个普通的科学问题。

---

[1]汤姆·克拉克(Tom Clark)提供了详细的论据,以支持心智表征可以是关于事物的真实属性,而这些真实属性仅存在于表征内容的层面:内容项,诸如概念、命题、信念、数字,以及我认为的体验品质,都是在像我们这样的心智系统中被激活和部署的表征术语,但这些术语在它们参与表征的时空流形中是不可定位的,因此不能明确地被定性为物理上客观的。我们不会在头脑中找到概念、数字、信念或命题,也不会在外部世界中找到,它们不像可限定物体,但它们作为概念上模拟现实的表征元素是不可或缺的、真实的。也可参见 Tom W. Clark (2019). Locating Consciousness:Why Experience Can't Be Objectified,*Journal of Consciousness Studies*,26,60－85.克拉克的观点与我的很像,令人鼓舞。

难题：然后会发生什么？

是时候讨论丹尼特喜欢称为"难题"（the hard question）的问题了。这就是然后会发生什么？"更具体地说，这个问题是，一旦某些项目或内容'进入意识'，会导致、促成或修改什么？"[1]

我想说的是，我们不能也不应该总是问自然现象运作的问题。例如，一旦我们可以解释彩虹是如何形成的，阳光是如何被雨滴衍射而产生彩色弧线的，就没有必要问接下来会发生什么了（当然，除非我们想找到传说中的金坛子）。然而，对于意识，有两个考虑因素使其成为正确的问题。首先，无论如何，现象意识是一种私密的心智状态。这意味着，我们只能通过其他人现象意识所引发的结果——他的所思、所言、所行，来了解他的现象意识。其次，我们有充分的理由相信，现象意识是通过自然选择演化而来的。这意味着，作为一个整体，无论引发的结果是什么，现象意识肯定对个人的生活方式产生了某种积极影响，并最终积极影响生物的生存机会（达尔文的金坛子）。

当然，在询问接下来会发生什么之前，我们需要知道已经发生了什么，这样才会将具有现象属性的感觉带进意识中。让我们假设它是按照我们之前建议的方式工作的。你的脑对到达你感官的刺激创造了一种表征，而作为表征者，你读取了这个表征，得到了关于刺激感受起来是什么样的观念。所以，下一个问题就是：这个观念——具有现象属性的感觉——导致、促成或修改了什么？

简单的回答是，如果对情境的这种感受的意识会表现在行为上，必定会导致你心智态度的变化，致使你做出你本不会做的行为，这里的心智态度是你具有的有关情境或自己的信念、希望等。

回想一下科诺克村教堂中的幻影。大执事卡瓦纳夫安排将一张幻灯片投影到墙上，村民们认为这是圣母玛利亚和她的圣徒显灵。然后会发生什么？他们认为这是上帝赐予的神迹，并感激地拜倒在地。正如布里奇特·特

[1]Daniel Dennett（1991）. *Consciousness Explained*（Boston：Little Brown）.

伦奇(Bridget Trench)所说的:"当我到达那里时,我清楚地看到了那三个人,我跪倒在地,大声喊道:'万分感谢上帝和荣耀的圣母玛利亚显灵。'"多米尼克·伯恩(Dominick Byrne)说道:"当时夜晚很黑,还下着雨,然而这些形象,在黑夜中,在明亮的灯光下,如同在正午的阳光下一样清晰。我对眼前的景象感到惊奇。我感动得流下了眼泪,看了整整一个小时。"

感觉可以在许多层面上直接地、立即地或通过一系列复杂的其他观念,来修改与行动相关的态度。当你把它表征成痛苦或愉快时,这种对你是好还是坏的低级识别可能是决定接下来会发生什么的最重要因素之一。你会抓痒,你会在温暖的浴缸里放松。但对人类来说,具有现象属性的感觉还可以在一个完全不同的层面上改变生活的信念,直到促成关于灵魂的看法。

问题是,这样现象属性与什么层面是相关的?

我们应该三思。我们不应该在最低层面上假设。对于对你来说是好还是坏的基础判断,感觉的现象品质实际上既不必要也不相关。以疼痛为例,当你触摸炉子时,你可以很好地将感官事件表征为不好的,并收回手,即便你的感觉对此不存在任何现象维度。正如我们在第1章中所讨论的,作为人类,被你认为理所当然的现象性是感官表征的一个特征,它是在演化过程中加进来的。对我们来说,很难想象没有现象性的一般疼痛,尤其难以想象无现象的疼痛是不好的。然而,对于我们那些无情识的祖先和那些至今仍无情识的生物而言,情况一定是这样。

让我们想象成为一只青蛙是什么感觉。如果将一种刺激性化学物质涂抹在青蛙的皮肤上,青蛙会采取行动把它刮掉。并且,事实上,即使青蛙的脑被破坏了,它也会这样做。赫胥黎在其1870年演讲的《青蛙有灵魂吗》中这样描述这个实验:

假设要将一只青蛙的头切下来,分离出整个脑……如果这只青蛙是仰卧的,它将被动地保持这个姿势。如果用酸接触青蛙的一只脚,这只腿将会缩回,然后两条腿会一起摩擦,以去除刺激物。不仅如此,如果将受刺激的那条腿放置到一个不寻常的位置,例如,拉起腿与身体呈直角,另一条腿会逐渐抬高到相应的位置,直到它可以去除刺激物。有证据表明……青蛙有调节能力,使它能面对全新的情况——解决在青蛙的一般生活条件下不可能出现的

问题。^①

先不谈正常的青蛙是什么样的,假设一只无脑的青蛙并不会体验到现象层面的疼痛。然而,它无疑出现了典型的疼痛行为。

不仅仅是青蛙,包括人类在内的哺乳动物,即使在大脑皮层缺失时,也仍然会表现出许多我们通常认为与现象体验有关的行为。脑积水(hydrancephaly)是一种罕见的人类儿童疾病,患这种病的儿童缺失的脑半球被充满脑脊液的囊泡所取代。尽管如此,比约恩·默克(Bjorn Merker)报告:

> 脑积水儿童对环境事件会表现出情绪的或定向的反应……他们通过微笑和笑声来表达快乐,通过表现出烦躁、弓背和哭泣(有许多等级)来表达厌恶,这些情绪状态让他们的脸变得生动……他们表现出对特定情境和刺激的偏好……他们的行为伴随着与情境相适应的快乐或兴奋的迹象。^②

心理学家马克·索姆斯(Mark Solms)回顾这些证据后表示:"人们肯定会得出结论,这些儿童确实感受到了什么。"换句话说,他们是现象上有意识的。但我认为我们应该得出完全相反的结论。是的,可以肯定的是,这些儿童能够将发生在他们身上的事情表征为好的或坏的。但是,在高级脑中枢缺失的情况下,这些表征没有现象属性的一类感觉。成为这些儿童或这些青蛙不会有"是什么样的感觉"。而且,如果成为脑积水儿童如此,为什么成为拥有正常脑的人就不会如此呢?例如,把手从炉子上缩回来这种典型的疼痛行为,就可能与体验的现象品质没什么关系。

我们稍后更全面地讨论这个问题时会看到,与现象品质相关的层面,与其说在于你对影响你的刺激的信念,不如说在于你关于自己的信念:你是拥有体验的存在者。在这个层面上,感觉的现象性本身就可以成为中心事实。"天哪,看看我这里有什么!"它甚至可以引导人们将疼痛从坏的重新归类为好的。登山者乔·辛普森(Joe Simpson)讲述了他在安第斯山脉一次可怕的坠落中幸存下来的经历,他描述了在短暂失去意识后苏醒过来时的情景:"一

---

① T. H. Huxley (1870). Has a Frog a Soul, and of What Nature Is That Soul, Supposing It to Exist?, *Metaphysical Society* (8 November).

② Bjorn Merker (2007). Consciousness without a Cerebral Cortex: A Challenge for Neuroscience and Medicine, *Behavioral and Brain Sciences*, 30, 63—134.

种火辣辣、灼热的剧痛从我的腿上蔓延开来。简直难以忍受。随着疼痛加剧,活着的感觉如此清晰。真见鬼!我不可能死了还能感受这些!它一直在痛,但我笑了!还活着!他妈的!我又笑了,一种真正开心的大笑。"[1]

丹尼特的问题——然后会发生什么?打开了大多数意识理论家几乎没考虑过的领域的窗口。就目前的情况来看,无论是在疼痛还是其他任何感觉方面,对于这个问题,我们都没有完整的答案。具有现象意识对你的影响范围必须包括作为结果的你的全部所想、所说和所做:它对你的自我感的重要影响,它在情绪和心境上带来的变化,它带来的所有记忆,以及所有对你享受生活和自尊的影响;当然,还有你可能会有的、关于它是多么神秘和多么令人费解的所有启发式想法,包括二元论、泛心论及相关的那些哲学上泛滥的想法。

假设我们真的能够发现下一刻脑和行为层面上发生的一切,那么我们是否已经发现了关于现象体验内容的一切呢?回到笛卡儿的表述方法,我们能发现足够实在的结果来修正体验吗?丹尼特坚定地认为可以,我也倾向于同意他的观点。但这使得他和我成了少数派。而哲学家已经花费了大量的笔墨,来论证第一人称的感觉体验永远不可能被任何第三人称描述完全捕捉。

"什么是玛丽不知道的":知识论证

在一个著名的思想实验中,弗兰克·杰克逊(Frank Jackson)虚构了玛丽的案例。[2]玛丽是一位杰出的科学家,她研究颜色如何在人脑中被表征以及颜色在心理学上的影响,但她被迫在黑白房间里通过黑白电视显示器来研究这个主题。尽管她自己从未见过彩色的光,但她已经知道了脑中发生的一切,例如,当一个人看着一面红色的墙,他就会有一种红色的感觉。此外,她还观察了思维和行为层面上的所有后遗症。更重要的是,她对这一切进行了客观描述,这些描述是可以与其他科学家分享的。

现在,到了玛丽从这个房间出来的时候。她进入了一个彩色的世界,第

---

[1] Joe Simpson (1988). *Touching the Void* (London: Jonathan Cape).

[2] Frank Jackson (1986). What Mary Didn't Know, *Journal of Philosophy*, 83, 291-295.

一次亲眼看到了红色。问题是：她是否从根本上学到了一些她以前不知道的关于颜色的知识，她现在知道了一些新东西吗？

你可能认为答案是显而易见的。是的，玛丽现在从第一人称视角知道了看见红色是什么样的感觉，而这种知识是她作为局外人的潜心研究所无法获得的。也就是说，如果玛丽以前在科学上十分傲慢，认为自己已经得到了一个清晰的意识理论，那么她现在就会得到报应。她从未认识到，像她这样构造的脑会有如今所拥有的这种特殊意识体验。

正如人们常说的那样，"知识论证"经常被吹捧为反对物质主义的意识理论之可能性的一种彻底的哲学论证。例如，戈夫在他书中就将其视为推广泛心论的基石。

然而，我想说的是，没有那么快。当你说玛丽知道那是什么样的感觉的时候，你到底想说什么？我希望你的追索是以自己为例的。你知道对你来说那是什么样的感觉，玛丽现在也以同样的方式知道对她来说那是什么样的感觉。这很公平。但你在回避问题。你，还有玛丽，对于自己知道些什么呢？我怀疑实际上，你知道的比你以为自己知道的要少得多。

当你看见一朵罂粟花时，你很有可能会说你知道拥有一种红色的感觉是这样的，你可以将其称为自己的一种心智状态。但这是一种弱知识，有赖于一种持续的体验。当它对你来说存在时，这种体验呈现出一个丰富的现象结构。但是，你在结束体验时能想起多少呢？事实就是，一旦感觉不再出现（例如，当你闭上眼睛时），你关于它是什么样的知识会立即缩减。事实上，所有它给你留下的只是一种让你想要思考和行动的余晖。

在这种情况下，我们为什么要认为还有比这更多的情况呢？我认为，我们应该高度怀疑这样一种说法，即当你有红色感觉的时候，你对红色的了解比你之后能表现出来的要多得多。当然，更安全、更经济的假设必定是，即使是在当时，你的知识也完全是由你所持的态度构成，正是这些态度造成了我们刚才讨论的那些公共结果。

我同意看起来并不是这样的。你所得到的印象，有现象体验的一面，但当你试图确定它时，它就会不断地溜走。感觉的一个特别之处就是，当下的感觉（the present moment），"现在"，在时间深度上有一个自相矛盾的维度。

每一个感觉的实例似乎都会停留一会，好似它存在的时间比实际更长。结果就是，感觉似乎处于一种被现实掩盖的更持久存在的边缘。罗比·伯恩斯（Robbie Burns）用诗捕捉了其中的真意。当下的瞬间"就像罂粟花绽开，你抓住花，花就会凋谢；或者，像雪花落入河流，片刻洁白，然后永远融化"[1]。

我们出于一个很好的心理学原因拒绝承认这一点。我们稍后将会看到，感觉的体验对于支撑起自我感是多么重要。但是，如果这个脚手架总是处于消失的边缘，它就需要不断重新确认。诗人柯勒律治（Coleridge）描述了他三岁的儿子如何在夜里醒来呼唤他的母亲。"摸摸我，用你的手指摸摸我。""为什么？"母亲问。"我不在这儿，"男孩哭着说，"摸摸我，妈妈，这样我就在这儿了。"[2]难怪我们认为这里还有更多的感觉。[3]

回到玛丽的实验。我认为这些考虑推翻了这个论证。如果知道一种特定的现象体验"是什么样的"，并不比知道这种体验引起的所有态度糟糕，那么玛丽肯定会从她对其他人接下来会发生什么的科学研究中发现这一切。事实上，我们应该期待玛丽会在比赛中领先。作为一名专业心理学家，她会从行为层面上看到这一切；作为一名科学家，她会从脑活动层面看到这一切。所以，她会知道你自己知道的一切，甚至更多。

由此，当玛丽第一次看见红色时，她会在认识论上做好充分准备。她不会从新体验中获得任何新知识。并不是说这对她来说不是一次新体验，毫无疑问这将是一次新体验。正如你可以在自己的例子中证明，你不必通过知道红色是什么样来找到红色。玛丽以前从未看见过红色。尽管如此，她会发现她所拥有的，作为体验结果的关于看见红色的态度，与她预测的一模一样。

你是否还有一种挥之不去的直觉，认为这是不对的。当玛丽真正拥有第一次体验时，是不是有些东西是她没有预料到的，尽管它完全是短暂和无效

---

[1] Robert Burns(1791). Tam o'Shanter, *line* 231.

[2] Samuel Taylor Coleridge (1817/2002). *Biographia Literaria*, in *Opus Maximum : Collected Works*, Vol. 15, ed. Thomas McFarland and Nicholas Halmi (Princeton : Princeton University Press).

[3] 芭芭拉·蒙特罗（Barbara Montero）在一篇关于"感受质记忆"（qualitative memory）的开创性文章中，讨论了疼痛的特殊例子。她论证了，与人们普遍认为的相反，我们留不住对疼痛是什么感觉的丰富表征。然而，她明确地将这种能力与我们记住看到红色是什么感觉的能力进行了对比。我认为这两种情况实际上没有什么不同。参见 Barbara Montero (2020). What Experience Doesn't Teach : Pain Amnesia and a New Paradigm for Memory Research, *Journal of Consciousness Studies*, 27, 102－125.

的。只有当她内心指向这些东西时,她才能知道它们,否则什么都留不下……这种直觉得到了广泛的认同。它可能确实会让你感到,成为你(这个无声私密的、消失的体验的瞬间拥有者)是多么的特别。但作为论据,它也消失了。

"什么是自然选择不知道的":颠倒光谱

你可能认为玛丽的故事只是一个思想实验,对现实生活毫无影响。但事实上,它对现实生活的演化有着重大影响。因为,如果我们被对玛丽的讨论说服,认为现象意识有一些本质特征,原则上不能通过外部的科学观察被发现,我们就很难解释这些特征是如何演化来的。一个特定特征,如果像玛丽这样的科学家都不知道,那自然选择也无法知道。因此,令人欣慰的是,情识的演化理论的潜在问题可以被堵死。

然而,我们要注意的是,不能假设它反过来也是成立的:如果像玛丽这样的科学家能看到一个特定特征,自然选择也一定能看到。记住,玛丽能够看到关于脑和行为的一切,而自然选择只能"看到"影响生物生存的行为。所以,现在有趣的问题是:当你拥有红色的感觉时,你对它是什么样的一手知识是更接近玛丽所知道的还是更接近自然选择所知道的?

你当然不会比玛丽更了解感觉是如何在脑中被表征的。但我们可以假设,你与她一样知道接下来会发生什么,即由此产生的信念、态度及行为上的后果。此外,这将是关于一切后果的知识。然而,自然选择的知识肯定局限在那些影响生存的方面。因此,看起来很有可能的是,虽然你知道的比玛丽少,但实际上你知道的比自然选择所做的要多。这具有潜在重要性,因为这开启了一种可能性,即现象体验可能以自然选择所看不到的特异方式演化。更重要的是,在"是什么样的感觉"方面可能存在遗传的个体差异。

让我们假设脑实际上可以用显著不同的方式来表征红色感觉的现象品质。脑中的这些差异会对主观体验产生影响,从而对接下来行为层面发生的事情产生影响。然而,很有可能的是,这些差异尽管对主体来说足够真实,但在自然选择感兴趣的领域却无关紧要。所有体验都能完成任务。那么自然选择就没有理由偏爱一种体验版本而不喜欢另一种。因此,确定哪一个版本就会变得很难。

这意味着,就目前的情况来看,可能,甚至很有可能,对相同感官事件的现象感受在个体之间存在显著差异。哲学家约翰·洛克(John Locke)在其1690年的文章中提出了著名的"颠倒颜色"的可能性:

一个人通过他的眼睛在心中产生紫罗兰的观念,是否与另一个人心中产生的万寿菊的观念是一样的,反之亦然……这永远无法知道,因为一个人的心智不可能进入另一个人的身体,去知觉产生的表象。①

但我们不必认为这将永远无法为人所知。像玛丽这样的神经科学家就可以从脑活动层面知道,她确实可以进入另一个人的身体。而在行为层面上,任何目光敏锐到足以发现接下来发生的一切的人都大抵能知道。②然而,在自然选择的过程中,它可能一直是未知的。③

我倒挺喜欢如下猜测:感觉品质的特性可能比作为演化决定论者的我们所猜测的要多。或许,我们不应该假设别人以与我们完全一样的方式看见红色、品尝蜂蜜,或感受疼痛。此外,也许玛丽不应该假设她对别人的研究必定会揭示出对她来说看见红色会是什么感觉。如果玛丽自己就是一个例外,但她研究的人群中没有例外呢?那么,最终,当她第一次看见红色时,她会学到一些东西。

---

① John Locke (1690/1975). *An Essay Concerning Human Understanding*, ed. P. Nidditch, Book Ⅱ, Ch. XXXⅡ, section 15 (Oxford: Clarendon Press).

② 它会在颜色偏好上表现出来吗? 如果在标准条件下进行测试,大多数人都有相似的偏好。当然,并非所有人都这样做。克里斯·麦克马纳斯(Chris McManus)做了一项关于人们对彩色卡片偏好的研究,研究涉及 54 个人,每次进行 256 个配对比较,结果发现,70% 的被试始终偏好蓝色、绿色,而不是黄色、红色,20% 的重要子组表现出明显的不同模式,始终偏好黄色、红色,而不是蓝色、绿色。I. C. McManus, Amanda L. Jones and Jill Cottrell (1981). The Aesthetics of Colour, *Perception*, 10, 651—666.

③ 我已经扩充了现象意识个体差异的可能性。参见 Nicholas Humphrey (2020). Consciousness: Knowing the Unknowable, *Social Research*, 87, 157—170.

第11章　演化中的情识

今天,情识可能围绕着我们。但在生命有机体的历史进程中,曾经有一段时间,它不存在于地球任何地方。鉴于人类有无情识的祖先,关于我们的祖先是如何从无情识走向有情识的,这里一定有一个故事。

演化没有前瞻性。尽管如此,为了找出这个故事,我认为我们的策略应该是一种正向工程(forward engineering)。这意味着我们必须从最终的产物开始,即从今天人类体验到的现象意识开始。但我们不应该像分析脑科学那样,将其视为可以解构的东西,而应该把它当作可以发明的东西。尽管这不可能是自然选择的目标(自然选择没有目标),但我们可以把它作为我们的目标,想出一个有关我们从无情识到情识全面发展的故事。

鉴于我们在讨论演化,可以假设三条指导原则。第一,必须有一个连续的阶段序列,不存在不可理解的鸿沟。第二,每个阶段在当时就其本身而言都必须是可行的。第三,从一个阶段到下一个阶段的过渡必须始终是一种升级,能增加生物生存的机会。

作为正向工程的典型案例,让我们从一个简单的例子开始:人类眼睛的演化。如果按照眼睛本来的样子并试图推断它的历史,你会发现——正如许多演化批评家所指出的那样——很难想象它是如何通过自然选择从零开始形成的。然而,如果你从一块对光敏感的皮肤开始,目标是发明一只眼睛,并不那么困难。

那么我们开始吧。把一块对光敏感的皮肤弯成一个凹坑,这样来自不同方向的光就会产生不同的光照梯度。接着,这个凹坑进一步加深,变成带有一个小入口孔的球形腔,像针孔照相机一样能够拍摄形成图像。随后,透明的皮肤生长在针孔眼上,以保护小孔不受污染。最后,皮肤变厚成为晶体状(见图11.1)。

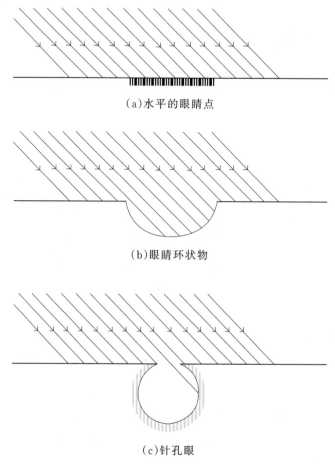

（a）水平的眼睛点

（b）眼睛环状物

（c）针孔眼

图11.1　眼睛的早期演化阶段

查尔斯·达尔文（Charles Darwin）坦言,他自己也曾一度认为眼睛是由自然选择演化而来的说法似乎"极其荒谬"。但他很快就解答了自己的疑问:

如果可以证明从一个简单而不完美的眼睛到一个复杂而完美的眼睛之间存在着许多等级,那么每个等级对其拥有者而言都是有用的,这一点是肯定的;如果再进一步,眼睛曾经变化过,并且这种变化是可以遗传的,同样这一点也是肯定的;如果这种变化在不断变化的生活条件下对任何动物都是有用的……那么,一只复杂而完美的眼睛就可以通过自然选择而形成。[1]

诚然,说到情识,我们没有太多证据。即使有活生生的动物实例表明距离充分发展的情识只有一步之遥,我们也不知道如何识别情识。此外,我们不能确定"许多等级"是否仍然存在。尽管达尔文本人一直强调渐进主义,但他的理论允许快速的阶梯式变化。如果一个新获得的进步由于偶然性而为更好的发展提供了一个意想不到的跳板,那么中间阶段将会是短暂的。

事实上,在眼睛的演化过程中似乎就发生了这种情况。最初覆盖在针孔眼上的透明皮肤是用来阻挡污垢的。但是,幸运的是,这种皮肤可以很容易形成一个晶状体。因此,一旦皮肤覆盖层发展起来,演化就不会永远停留在那,而不去开发其潜力。这就是为什么现在没有一种动物会有那种穿过针孔的皮肤。例如,在头足类动物中,鹦鹉螺仍然有一个完全开放的眼孔,但所有其他动物,如章鱼和鱿鱼,都形成了良好的晶状体。

在情识的演化过程中,正如我们很快就会看到,确实有一系列幸运的意外。我认为这可以解释为什么情识演化得很快及为什么中间阶段可能会消失。

但达尔文认为,可能还有另一个因素在起作用,可以带来快速的阶梯式变化。当两只动物处于一种二元关系中,一只动物能从另一只动物表现出的特质中获益时,就有了正反馈的可能。达尔文感兴趣的例子是动物在求偶时所使用的展示方式的演化,如孔雀开屏。他称之为性选择。

先从一只雌性孔雀开始,它只是碰巧,无缘无故,被一只异域风情的雄性孔雀所吸引,如其有一条异常大而艳丽的尾巴。由于它们的性结合,表现出这种特征的倾向传递给了它们的儿子,而被这种特征吸引的倾向传递给了它们的女儿。因此,在下一代中,会有更多的雄性孔雀长着大尾巴,更多的雌性孔雀觉得大尾巴性感。现在假设觉得大尾巴性感的雌性孔雀依旧觉得尾巴越大越性感,那么,就会出现一连串的选择,雄性的尾巴会越来越大,大尾巴对雌性的吸引力也会越来越大,这就导致了今天的超级尾巴。

许多令人费解的求爱展示中的壮观和美丽可以归因于性选择。达尔文

---

[1] Charles Darwin (1859). Difficulties of the Theory, in *On the Origin of Species*, Ch. 6 (London: John Murray).

认为,这是人类热爱音乐、艺术和诗歌的原因,当涉及实际回报时,这些特征似乎荒谬得过头。同样的说法是否也适用于现象意识,它是不必要的美妙。如果是这样的话,在心智求偶的层面上,会不会有一些类似于性选择的东西,造就了现象属性已取得的巨大成功。

我们拭目以待。在所有这些预备工作——定义、论证、类比之后,是时候让我的特殊理论出现了。

第12章　采取的道路

我们已经对人类所体验的感觉有了一定的认识。感觉是一种观念,它表征了你感官中发生的事情与你对此的感受。感觉通过追踪刺激在你脑中唤起的运动反应——未被察觉的、隐蔽的身体表达形式——来做到这一点。感觉获得了二级叠加的(secondary overlay)现象属性。这些属性不是错觉的,而是"是什么样的感觉"(what it's like)的真实属性。

以人类感觉作为演化过程的终点,我现在想要像我承诺的那样,回到最开始,尝试重新定义感觉。我会把它编成一个不断发展的叙事故事,图12.1和图12.2可作为一个说明性例子。

想象一下,一只形似变形虫的原始动物漂浮在古老的海洋中。灾难降临。光落到它身上,物体撞击它,化学物质粘在它身上。这些发生在表面的事件中,有些标志着一个值得拥抱的机会,有些则是需要避免的威胁。如果动物想要生存,就必须演化出分辨好坏的能力,并做出恰当的反应——通过蠕动来表示接受或拒绝(见图12.1a)。当盐接触它的皮肤时,它会检测到,并"以咸的方式蠕动"(wriggles saltily)。当红光照到它身上时,它会做出另一种不同的蠕动,即"以红色的方式蠕动"。

这些反应是自动的、反射性的行为,以一种评价性的方式来接纳刺激。它们将经过自然选择的磨练,从而精确地适应刺激事件,考虑它们的品质、强度和在体表的分布,以及对动物健康(well-being)的影响。最开始,反应出现在身体表面的局部组织。但不久之后,为了能够协调,感觉信息被发送到中央神经节或原脑,在那里启动反射反应(reflex responses)(见图12.1b)。

让我们把这些反射反应称为"内感化"(sentition),其徘徊在感觉与行动之间。内感化把刺激对动物的意义付诸在行动上(enacts),它让意义真正公开化。因此,如果有一个外部观察者的话,他可以从动物当下的行为中看出它如何感受正在发生的事情。然而,在这个早期阶段,动物本身并没有对发生在它身上的事情产生任何形式的心智图像,也没有自己的感受。

但随着演化,动物开始过上更复杂的生活,就到了反射行为不够用的时候。如果动物想要有更灵活的行为,就需要能够以一种可以离线查阅的形式存储关于自己和周围环境的信息。特别是,动物需要一种方式来表征和"记住"发生在身体表面的事件信息。但动物如何才能达到这个新水平呢?

碰巧有一种基于内感化的巧妙方法来做这件事。就像外部观察者可以从动物的行为中看出它的感受一样,原则上,内部观察者也可以。换言之,动物能够通过监测自己的反应来发现刺激对它自身来说意味着什么。要做到这一点有一个简单的技巧。当动物的脑发送运动指令来产生反应时,它所要做的就是复制一份输出信号(outgoing signal)的"输出副本"(efference copy)。然后这个副本就可以被反向解读为产生了一个关于它如何反应以及对此如何感受的表征(见图12.1c)。[①]

按照我们之前的表述,表征的载体是指令信号的副本,被表征物就是正在发生的刺激。而表征者,表征所对的主体呢?我们能不能说,一旦动物开始以这种方式表征自己的处境,它就将拥有一个作为感觉之主体的自我了。

你可能还记得,在本书开篇,我说过任何心智状态的主体——对其而言主体就是状态——至少应该被视为一个原自我(proto-self)。按照这个标准,这种原始动物确实有一个正在形成的自我,这个自我是表征的主体,是人类都知道的感觉的先驱者。然而,这个阶段的感觉与我们这样的有情识的动物所拥有的不同,当然还不具有显著的现象感受。

---

①乔治·瓦洛蒂加拉(Giorgio Vallortigara)已经接受并运用了将感觉的输出副本当作奠定现象意识和自我感的基础的观念。他在我的方案上添加了一些重要的内容。Giorgio Vallortigara (2021). The Rose and the Fly: A Conjecture on the Origin of Consciousness, *Biochemical and Biophysical Research Communications*, 564, 170—174.

（a）发生在刺激部位的评价反应

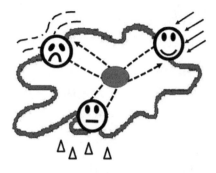

（b）中央控制之下的反应

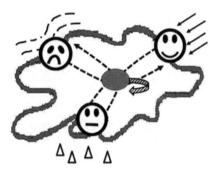

（c）运动指令信号被复制,用来
表征刺激感受起来是什么样的

（d）反应变得私化——副本被保留

图12.1　动物反应演化

　　现象性出现的关键在于内感化继续演化的方式。内感化涉及一种明显的适应性反应:动物对感觉到的发生在它身上的事情会有所行动。然而,在开始阶段具有适应性的行为并不会一直保持适应性。随着动物发展出更复杂的与环境互动的方式,必然会有一个时刻,原来的身体反应不再合适。但现在有一个潜在的问题,到了这个时刻,原有的作为表征刺激意义的载体的反应,已经发挥了其有用作用。例如,动物不想再反射性躲避红光,可是它仍然想知道红光是否正落在它身上并且对它来说是否危险。

　　那怎么办?答案也是巧妙的。这就要让反应变得内化或"私化"(见图12.1d)。输出指令(outgoing commands)开始以感官最先投射到脑的内部身体地图为目标,而不再以刺激发生引起实际身体反应的地方为目标。通过这种方式,指令就能保留其关键的意向内容:它们仍然是针对我身体的这一部分所发生的事情做出反应。这里仍然有一个输出副本,形成主体可以提取信息的表征。但现在,这些指令以模拟、虚拟、表意的反应发布,不会在表面上显示出来了。

所以,下一个幸运的转折点来了。一旦原先发送出去致使体表特定部位产生反应的运动信号,被重新定位到脑中该特定部位的感觉信号输入的地方,反馈就有可能产生了。当条件成熟时,输出的运动信号能够与输入的感觉信号相互作用,创造出一个自我纠缠的反馈环路,这个反馈环路能够维持递归活动,抓住自己的尾巴,一圈又一圈地流动(见图12.2c)。

还记得吗,在我给猴子的上丘细胞录音的实验中,在细胞能听到的声音和声音自身在扬声器上产生的电反应之间,意外地建立了一个循环,导致了自我持续的"呼呼"声。现在,像这样的事情开始发生在内感化上,并且结果可能是颠覆性的。

这意味着内感化可以在时间上被延长,从而监测输出信号的主体将会得到这样的印象:感觉的每一刻都比实际持续的时间长。可以说,感觉正在变厚。但这仅仅是一个更为复杂的转变的开始。一旦建立了反馈环路,循环活动就可以被引导并稳定下来,从而进入一个"吸引子"状态,在这个状态中,一个复杂的模型会一遍又一遍地重复自身(见图12.2d)。①

---

①假设每次活动都在反馈环路中环绕,传输特性就被这个活动改变了。这个循环活动的增长将由所谓的时滞微分方程(delay differential equation)控制。这个方程表示系统在某一时刻的演变,例如,T时刻依赖于系统更早时刻的状态,如t-T时刻。接下来发生的事情就是,这种活动一旦开始,它如果没有迅速终结,那么要么混沌地发展,要么很快就会到达一个"吸引盆"(basin of attraction),在这个吸引盆中,相同的模式会无限地重复,即使受到干扰,它也会回到这个吸引盆。

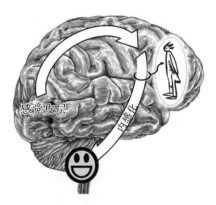

（a）感觉。脑中的一个模块——一个原始自我——通过监测反应，形成关于刺激感受起来是什么样的心智表征

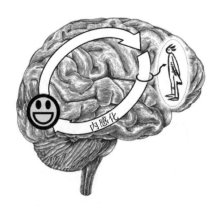

（b）私化。反应变得内化，瞄准身体地图，也就是感觉信号到达脑内的地方

（c）厚化的瞬间。在感官输入和运动反应之间创造了一个反馈环路，因此这个活动变成递归的，并在时间中延展

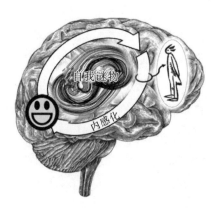

（d）自我谜物。递归活动导向吸引子状态

图12.2　升级后的动物反应演化

　　作为一个真正的数学对象，这样的吸引子可以拥有超乎想象的、几乎不可想象的属性。事实上，从这里开始，每当有机会"改善"感觉的品质时，自然选择就有了一个全新设计空间。对反馈环路的微小调整就会对主体解读感觉感受起来是什么样的产生巨大影响。其结果就是，感觉毫无争议地被体验为私密的、充满各具特色的、模态特异的（modality-specific）品质，根植于主观当下的厚化的瞬间中，由非物质质料构成。简言之，现象的。

　　我们正在谈论的这种数学吸引子值得拥有一个名字。我称它为"自我谜物"(ipsundrum),一个自我生成的谜题,呼应了真正不可能的三角形的名字,格雷戈里谜物。我喜欢这个名字,因为它使现象感觉的载体听起来不仅奇特,而且是实质性的,当然,它必须是这样的,即使只是作为一个数学对象。沿着这条线索,我们可以追问自我谜物:这种动物(或这个机器人)的脑有能力建构和读取这样一个东西吗?

　　但如果这个名字让你停下了脚步,那也应该如此。毫无疑问,自我谜物的发明代表了一个令人震惊的演化发展。自然选择显然违背了充分因果作用原则,无端地创造了一种魔法,并把它植入了数十亿像我们一样有情识的动物的脑中。

　　接下来会发生什么?在心理层面上,会有一个重要的后果:感觉如何促进自我感的阶跃式变化。感觉本质上一直是个人的。对你这个主体来说,感觉表征了你对体表刺激的兴趣,而且其是通过解读你在反应中的行为来形成表征的。这意味着,对"发生在我身上的事情"进行表征的过程中,你同时也在填充"我是什么"的感觉(sense)。但是现在,如果由于这些发展的结果,你对"发生在我身上的事情"的印象越来越深刻,感觉越来越奇特,那么你对"我"是什么的看法也一定如此。一个原本算不上自我的自我,突然间,被提升为一个现象自我,一个值得拥有的自我。

　　我是说突然间。现象性的发明与随之而来的自我提升可能会非常迅速地出现。原因在于,维持自我谜物的那种自我—持续的反馈是全有或全无的。根据反馈环路中输入与输出之间的精确耦合,活动要么启动,并比刺激持续更久,要么不会(试想在演讲大厅中,当麦克风靠近演讲者时会发生什么)。这里有一个从一种状态到另一种状态的突然转变:一种无情识的动物醒来,发现自己活在现象意识的厚化的瞬间中。

　　总之,我相信这是演化可能遵循的轨迹:从原始的蠕动到完满发展的现象感觉。事实上,因为那些幸运的转折点的存在,我敢说这是演化注定要遵循的轨迹,在这些转折点上,一个演化阶段出人意料地为下一个演化阶段提供了跳板。

这种情况至少发生了三次。(1)针对感官刺激的反射反应的指令信号可以被利用来表征刺激的含义。(2)私化这些反应的需求,为感觉运动的反馈环路创造了条件。(3)这些反馈环路有创造出吸引子的潜力,而这可以表征那些奇怪的属性。

如果没有这些机缘巧合,现象意识的演化就会停滞。演化走这条路,确实是幸运的。但这并不是说这不可能,事实恰恰相反。因为,正如在我们的重塑中所看到的那样,机会就在那里等着你去把握,而且一直都在。这意味着,如果历史重演,演化很可能会再次走上相同的道路。①

①在一个物种的历史上,演化实际上可能多次走上相同的道路。否则如何解释,对人类来说,想必对其他有情识的物种来说也一样,每一种感官模态产生的感觉都会有现象属性。为什么我们有视觉感受质、听觉感受质、嗅觉感受质,等等? 考虑到不同的感官与它们的脑通路在解剖学上长期是分开的,这可能表明每种模态都必须独立于其他模态而获得现象属性,但受到(我们所描述的)相同演化动力学的影响。但是,还有另一种可能性。也许负责的基因可能在胚胎发育的早期阶段对所有的感官模态都起到了相同的作用。在这种情况下,一种模态的现象化,无论哪个第一个被选择,都能把其他模态带上同一辆车。

第13章　现象自我

我们已经假设了，演化故事的终点是现象意识和对自我的强化（the enhancement of the self）。现在是时候仔细看看这两者是如何联系在一起的，以及可能得到的结果是什么。我在前面把现象自我称为"值得拥有的自我"（self worth having）。但必须说明，为什么一个在主观上值得拥有的自我在生物学上也是值得拥有的。

我们所说的自我是笛卡儿式的自我，即由内省发现的作为心智状态之主体的自我——你的"我"（I）。笛卡儿有一种发现自我本性的方法。这是一种法医式的自我检查方法，在他到达基石——他的"我"为了存在而必须拥有的属性——之前，无视一切他能合理论证为非本质的东西。结果，他得出了一个著名的结论：不可怀疑的作为本质的东西就是他的思维。我思故我在。

这种方法很难反驳。但许多人确实不同意这个结论。哲学家大卫·休谟的观点与我们讨论的方向更接近。他判定，我感受故我在：

> 就我而言，当我以最亲密的方式进入我所谓的自己时，我总是无意中发现某些热或冷、光或影、爱或恨、痛苦或快乐的特定知觉或其他。没有知觉，我就永远无法抓住自己，除了知觉，我也永远无法观察到其他任何东西。任何时候，一旦我的知觉消失了，如酣睡后不久，我就感觉不到自己的存在了，甚至可以说自己不存在了。①

休谟比他的苏格兰同行托马斯·里德早50年著述，他没有区分感觉与知觉，而是将知觉作为各种感受的通用术语。但他的意思很清楚。"当我感觉不

---

① David Hume（1739/1978）. Of Personal Identity, in *A Treatise of Human Nature*, section 6, ed. A. Selby-Bigge（Oxford：Oxford University Press）.

到自己时，我就不复存在了。"争论的焦点是感官现象学（sensory phenomenology）。

如果没有感觉，"我"就不存在了。"摸摸我，妈妈，这样我就可以在这儿了。"

然而，休谟并没有立即将我所认为的这种洞见视为深刻真理。他认为他所发现的自我缺乏特征，并且认为没有任何东西能把它的各个元素结合到一起形成一个有意义的整体。"我们不过是不同知觉的捆绑束或集合，它们以不可思议的速度接替彼此，并处于永恒的流动和运动中……也没有任何一种单一的灵魂力量是一成不变的，哪怕只是一瞬间。"他把心智比作剧院，展示着不断变换的各种感觉，"依次让它们出现；经过，再经过，不知不觉地消逝，融入各种各样的姿势和场景中"。他接着说："在同一时间里它没有简单性，在不同的时间里也没有同一性……我们完全不知道这些场景是在哪里呈现的，也不知道这些场景是由什么构成的。"

我认为休谟的说法大错特错。的确，感觉似乎会令人不安地转瞬即逝——来得快，去得也快，"片刻洁白，然后永远融化"。然而，有一种特征不仅弥补了这一点，而且为自我提供了休谟思想所缺乏的简单性和同一性。你的感觉本质上是个人的。感觉只对你可见，别人都不行，与你自己的身体事件有关，位于你自己制造的空间和时间里，具有完全是你自己发明的品质——现象的红色、咸味、疼痛。每一种感觉都承载了你独特的现象署名。事实上，你知道的，你可能是宇宙中唯一一个如此这般感受看到红色、品尝盐、触摸荨麻的"我"。

这些著作者的标记，在这个感觉和下个感觉中共存，足以将你的"我"的每一个片段与前一个联系起来，从而使得你的自我持续存在，即使像休谟所说的那样，你的感觉由于酣睡被移除了一段时间。你永远不用怀疑在停下的地方继续前进的是同一个"我"，因为毫无疑问它正在以你的方式进行感觉。

想象一下，你的感觉形成了一系列画作，挂在一个长长的画廊里，延伸到你的过去。画作的主题是在你的感官处发生了什么，以及在连续时刻中你是如何感受它的。画作展现的风格完全是你的。就像我们说毕加索（Picasso）的画作都是"毕加索的"（Picassos），或者塞尚（Cézanne）的画作都是"塞尚的"

(Cézannes),这些都是"你的"(Yous)(见图13.1)。

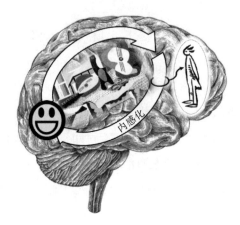

图13.1 作为艺术的意识

现在,这些"你的"不仅仅是感官刺激事实的复制品;相反,它们代表你对此的创造。在这一点上,它们类似于真正的艺术家的作品。用保罗·克利(Paul Klee)的话说:"艺术并不是再现可见的东西;相反,它是为了让人看得见。"①巴勃罗·毕加索说:"艺术是让我们认识到真理的谎言……通过艺术,我们表达了我们的观念。"②尤金·德拉克罗瓦(Eugène Delacroix)说:"绘画的主题就是你自己;先于自然,它们是你的印象、你的情感。"③对文森特·梵高(Vincent van Gogh)来说是:"我最想做的是把这些对现实的误解、重塑或调整变成可能是'不真实的',但同时又比字面上的真实更真实的东西。"④塞缪尔·帕尔默(Samuel Palmer)在他的笔记本上写道:"大自然的点滴,只要为灵魂所接纳,通常就会得到很大的改善。"⑤

借用这些话来表述感觉让你看到了别人看不见的东西——关于自然中

---

① Paul Klee (1920). Creative Credo, https://arthistoryproject.com/artists/paul-klee/creative-credo/ (accessed 10 May 2022).

② Pablo Picasso (1923). Picasso Speaks, *The Arts*, New York, May 1923, pp. 315-326.

③ Eugène Delacroix (1854/1948). *The Journal of Eugène Delacroix*, trans. Walter Pach (New York: Crown).

④ Vincent van Gogh, letter, quoted in John Russell, The Words of van Gogh, *New York Review of Books*, 5 April 1979.

⑤ Samuel Palmer (1892). Shoreham Notebooks, 1824, quoted in Alfred Herbert Palmer, *The Life and Letters of Samuel Palmer*, Painter and Etcher (London: Sealey).

你身体在场的奇怪真相——的观点是不是有点过头了？也许会。但无论怎么说，我都想提出一个严肃的科学观点。在历史上，感觉最初是一种追踪你与物理世界交互作用的方式，在演化过程中，渐渐开始扮演了一个颠覆性的双重角色。感觉虽然仍然将你与物理环境联系在一起，但现在也使你与物理环境相分离。它赋予你这样一种感受：对你的生命来说存在一个实质上的非物理维度，将你的自我感固定为一个漂浮在物质世界之上的心智质料（mind stuff）的泡沫。感觉已经成为一件作品，抓住了你是什么的悖论性。

弗里德里希·尼采（Friedrich Nietzsche）写道："艺术不仅是对自然现实的模仿，而且是对自然现实的形而上补充……为了不为真理而死，我们有了艺术。"[①]我想说的是——对我们人类来说——感觉已经演化成了对我们具身（embodied）现实的一种形而上补充。它最宏大之处在于：为了不死于物质主义，我们有一个现象自我。

为什么自然选择会这样呢？对人类来说，有一个答案既明显又令人惊讶。在相对较近的历史进程中，那些认为自己蕴藏着非物质品质、存在于标准空间和时间之外的祖先，将会更加严肃认真地对待自己的存在。现象意识的品质越神秘、超凡脱俗，自我就越重要。自我越重要，人们对自己和他人生活的重视程度就越高。

一旦人类发展出语言能力，毫无疑问，他们就开始在彼此之间讨论这些重要的问题。过不了多久，他们就会把非凡的自我转化为文化内涵丰富的"灵魂"概念，一种超越了物理具身性的自我幽灵般的力量。

但这就是人类。而现象自我首次证明其在生物生存上的价值不可能是在这个虚无缥缈的层面上。那么，对于那些具有现象意识却从未谈论自我的动物——它们有"我"的观念却没有关于"我"的语词——来说，它是如何起作用的？它们会认为别人也有一个与自己一样的"我"吗？它们能利用这一优势吗？

正如我在本书后面的具体例子中所展示的那样，有证据表明，一些非人类动物确实将其他动物视为拥有自己的心智，具有独特的"个人"同一性的个

①Friedrich Nietzsche（1999）. *The Birth of Tragedy and Other Writings*, ed. Raymond Guess and Ronald Spears（Cambridge：Cambridge University Press）.

体。换句话说,它们将他者视为有意识的主体而不仅仅是物理对象,是存在者而不仅仅是身体。

即使对一个没有语言的动物来说,这种对他者自我的尊重也将会对你如何管理自己的事务产生很大影响。当你看到另一个个体——配偶、母亲、朋友、敌人——拥有与你一样的自我时,你就能在理解他和预测他的行为方面占据先机。你不仅可以更多地考虑对方的需求和能力,甚至可以考虑到他对你的看法。事实上,你现在正走在成为"天生心理学家"的道路上。如果你能在别人的位置上想象你自己,你就能以己心模仿他心。更重要的是,你会发现,你读心的能力大大提高了,因为你自己的心智——多亏了其核心的现象感觉——对你来说有一个易于掌握的内部结构。

这种可能性,即现象意识的巨大益处是为你提供一个"心智寓言"(mind-fable),或甚至是一本"傻瓜心智书"(book of the mind for dummies),近年来一直受到哲学家的追捧。丹尼特长期以来认为,内省给你提供的不是脑本身的图像(这当然是你无法理解的),而是一个半虚构的叙事故事。"我们看不见、听不见、感受不到复杂的神经机制在我们脑中的翻腾,但不得不接受一个被解释、被消化的版本,即一种用户错觉(user-illusion),这是我们所熟悉的,以至于我们不仅把它当作现实,而且把它当作最确凿、最亲密的现实。"[1]迈克尔·格拉齐亚诺(Michael Graziano)写道:"所以我们心智的内在模型是一个活跃的、专注的脑功能活动的卡通版本。"[2]基思·弗兰克什(Keith Frankish)说:"现象属性的表征是对底层现实的一种简化的、概略的表征。"[3]大卫·查默斯写道:"内省需要追踪心智状态的异同,但直接这样做效率很低,而且它无法通达底层的物理状态,所以将心智状态编码为具有特殊品质的新颖的表征系统。"[4]

---

[1] Daniel C. Dennett (2017). *From Bacteria to Bach and Back: The Evolution of Minds* (New York: WW Norton & Company).

[2] Michael S. A. Graziano, Arid Guterstam, Branden J. Bio, et al. (2019). Toward a Standard Model of Consciousness: Reconciling the Attention Schema, Global Workspace, Higher-Order Thought, and Illusionist Theories, *Cognitive Neuropsychology*, 37, 155—172.

[3] Keith Frankish. The Consciousness Illusion, *Aeon*, 26 September 2019.

[4] David J. Chalmers (2018). The Meta-Problem of Consciousness, *Journal of Consciousness Studies*, 6—61.

　　我同意。但这一切都徒有其表,哲学上的讨论缺乏关于它实际如何工作的例子。这里,让我举一个例子,这是读心的最简单的例子之一:你如何识别别人是使用哪个感官来弄清事情的。然而,这并不像它看起来那么简单,所以请容许我简要地介绍一些背景理论。

　　我想这是你体验过的最明显的事实,每一种感官模态都有其独立且独特的品质空间。所有由你的眼睛介导的感觉明显是视觉的(如我们看到的光幻视,仍然是视觉的);所有由你的耳朵介导的感觉明显是听觉的;等等。一个单一模态的感觉是连续光谱的一部分,但在不同模态间有一个不可逾越的鸿沟。例如,你可以想象一种颜色变成另一种颜色,一种声音变成另一种声音,一种气味变成另一种气味;但是你不能从一种颜色到一种声音,或者从一种声音到一种气味。感觉模态的独特性是如此明显和绝对,似乎是一个基本的自然事实,仿佛这些模态是"自然种类",来反映自然世界深层结构的分组。

　　但事实上,无论是在环境中还是在脑的生理机能中,都找不到这样独特的分类。不同感官的感受器都是从一种毛发状细胞——感觉纤毛演化而来的,它们以相同的方式做出电化学反应。它们传递的信息是由同一种神经中的脉冲传递的。尽管信息随后会经过专门模态的加工,以发布通常描述不同类型对象的表征,但没有哪个阶段会出现品质鸿沟。生理学家在观察脑传入通路中的神经细胞时,无法从神经细胞的放电模式中分辨出该细胞是否在传递光、声音或触摸的信息。

　　尽管如此,当科学家绘制脑地图时,他们经常用颜色编码感觉通路。例如,最近最先进的一幅脑地图的图例是这样写的:"上图显示了与三种主要感觉相连的区域——听觉(红色)、触觉(绿色)、视觉(蓝色)。"其目的大概是让脑使用者区分不同功能的通路。同样,伦敦地铁地图显示不同颜色的线路:贝克尔卢线是棕色、中央线是红色等。这样做的目的是区分不同线路的火车可以把人们带到不同的地方。但对于感觉通路,问题是:它们的不同功能是什么? 如果它们把人们带到不同的地方,这些地方是哪里?

　　我们无法在脑层面上回答这些问题。我们需要把它们放在行为生态学的层面上。在实践中,你是如何使用不同的感官来与你所生活的世界进行协商的？答案显而易见。你的不同感官从外部世界的不同部分采集刺激。最重要的是，它们打开了具有完全不同可供性（affordances）——行动的机会的次级世界窗口。

想一想你在做决定时分别依赖哪一种感觉：吃、爬、抓、踢、抚摸、拍打、抓痒。你的感官显然有不同的相关区域。请注意，你能看到树上的果实，却听不到果实的声音；你能感受到湖水的温度，却闻不到湖水的气味；你可以听到一段对话，但尝不到它的味道；等等。

这是如此常见，我相信你几乎不用停下来考虑它。然而，它对读心却有重大含义。这意味着，如果你试图通过想象自己处于他人的境况来预测另一个人的行为，你应该做的第一件事就是锁定他正在使用什么感觉模态，也就是说，与他同频。而这正是你自己的体验的现象品质将帮助你的地方，因为这意味着你有一套现成的程序筛选器可以应用。当你想象成为另一个人是什么感觉时，你的思维被引导到恰当的感觉区域，这样就缩小了预测行为的范围。

如果这看起来很明显，这就是问题的关键。你不会用别的方法。对感觉模态进行感受质编码，如果我们可以这么叫的话，似乎是第二天性的。然而，再强调一遍，感受质编码实际上超越了自然，它引入了一种绝对不同于从生理学上连续的环境中收集感觉信息的方式。可以说，你的心智拿着"艺术家许可证"，可以用它来表征你脑中正在发生的事情。正如毕加索所说的，感受质编码是"一个帮助你意识到真理的谎言"。

让我把这一点展开。在20世纪80年代，我引入了人类（以及大猩猩）是天生心理学家的概念，后来继续提出，这取决于一种我称为"内在之眼"的内省器官的演化。在美国自然历史博物馆的一次演讲中，我解释道：

内在之眼提供了一张它的信息场图片，这张图片被自然选择设计得很有用，是一个用户友好描述，旨在以一种被试倾向于理解的形式告诉被试他所需要知道的一切。我们可以假设，在漫长的演化历史中，各种不同描述脑活动的方法实际上都已经被试验过了，很可能包括神经细胞、RNA等方面的直接生理描述。然而，事实上，只有那些最适合做（天生）心理学的描述被保存了下来。因此,人类现在所拥有的关于我们内在自我的特殊图片——我们将这个图片认作"我们"——实际上是……对大脑的描述,而这种脑描述被证明最适合我们作为社会人的需求……在社会的和生物学的最佳意义上,意识是一种社会—生物学的产物。[①]

在同一个演讲中,我将读心比作一种心智移植,并强调了与任何其他器官移植一样,接受者和提供者的兼容是多么重要。也就是说,如果你要设身处地去理解别人,你就必须能够假设他的心智与你的心智以类似的原则运行,最好你与他用同样用户友好的方式描绘自己的心智。

对人类来说,心智的兼容性实际上被不断测试,并通过人际交往的循环动力学被带回正轨。随着生活的展开,你会越来越清楚地看到,你对自己的理解是如何帮助你理解他人;你对他的理解如何帮助他理解自己;他对自己的理解如何帮助他理解你;他对你的理解如何帮助你理解自己。

这种心理模式的相互调整和细化是一个持续贯穿于你整个个体生活的过程。作为人类,你们会有共同的语言和文化来支持你们。但早在人类成为人类之前,自然选择就已经让你从一个好地方开始:你与生俱来的现象体验的基本结构也是其他人与生俱来的结构。更重要的是,这种与生俱来的结构已经在人际交往动力学的作用下得到了完善。也就是说,在演化的时间尺度上,以及在个体的时间尺度上,相互促进的自我理解都将被选为心智品质,不仅能读别人的心,也能被别人读心。

我相信读心在两个方面的重要性可能有助于解释现象意识的特点,否则这样的特点似乎是多余的。之前,我曾提醒大家注意"性选择",以及它是如何产生正反馈,从而导致对动物求偶表现的控制不住地美化。雄性孔雀的尾巴对雌性孔雀越有吸引力,它的雄性后代拥有更有吸引力的尾巴的优势就越大。因此,尾巴实际上变成了自我选择。我提出了这样的问题:这样的事情是否会发生在现象意识上? 也许我们现在看到的正是这种正反馈是如何发生的。现象意识越能帮助心智供给者完成读心任务,就越能帮助接受者完成

---

① Nicholas Humphrey (1987). The Uses of Consciousness, James Arthur Memorial Lecture, American Museum of Natural History, New York, p. 19; reprinted in Nicholas Humphrey (2002). *The Mind Made Flesh* (Oxford: Oxford University Press).

读心任务。因此,现象属性确实可以是自我选择的,螺旋上升到现象层面,达到我们今天所享有的奇异和美丽的高度。

　　《求偶心》(*The Mating Mind*)一书的作者杰弗里·米勒(Geoffrey Miller)明确指出,意识不仅具有社会功能,还具有性功能。考虑到在伴侣(或潜在伴侣)之间读心可能是一个天生心理学家最重要的技能领域,我相信他是对的。

第14章　理论疏忽

你可能会对这个演化故事有异议；无论如何，已经有人对它发表了评论。这个故事即使在原则上可以解释现象意识是如何演化的，并有生存好处，但也不能证明只有现象意识可以扮演这个角色。我一直认为，事物演化成现在的样子，是因为自然选择找到了一个机会，通过创造情识来改善将自己珍视为个体的社会生物的生存前景。我认为，选择所找到的解决方案足以达到这个目的。然而，我当然还无法证明这个解决方案是唯一的方法。

心理学家斯图尔特·萨瑟兰（Stuart Sutherland）写道：

> 不幸的是，这一论点存在一个明显的谬误。脑可以表征构成了动机、思维之基础的过程，并可以将这种表征作为他人行为及其背后力量的模型，而不需要在意识中出现这种表征……发明意识可能提供的功能是容易的，但困难的是证明这些功能只能由意识提供，这迄今为止尚未实现。[1]

当然，他有一部分是对的。在本书的开头，我承认一种具有认知意识但缺乏现象体验的生物可能仍然能够发展出某种自我的概念，甚至获得一种心智理论。现象意识不是自我性（selfhood）或读心的逻辑要求。事实上，当人类工程师开始建造先进的社交机器人时，他们可能会找到不需要情识的令人满意的方法。

也许会这样。然而，回答萨瑟兰的问题，我要指出的是，从理论上讲，不同的做法是可能存在的，但这并不意味着生物演化有可能走上不同的道路。即使人工脑能够以一种不涉及现象意识的方式来表征心智，我们的脑是否可

---

[1]Stuart Sutherland (1984). Consciousness and Conscience, *Nature*, 307, 39, 233.

以演化成这样或那样,这一点还完全不清楚,如果它们做到了,那么这将为我们提供一个心智的工作模型,就像我们最终得到的那样有用和用户友好。我的论点并不是说读心原则上只能由现象意识来促成,我想说的是,事实上,它可以得到现象意识特别有效的辅助,而且,幸运的是,一种通往它的演化途径是可行的。

大卫·查默斯对我的演化解释提出了类似的反对意见,他的反对是:"是的,但为什么自然选择必须用这种方式来解决问题呢?"他写道:

> 在演化的背景下,以这种不可思议的方式认为自己是有意识的,会让我们看起来更有意义,这导致我们更重视自己和他人的人生……这是一个有趣的观点……(然而)大多数生物似乎从一开始就很重视自己的生命。①

他又说对了一部分。他的意思是,有足够的理由,生物可以因为其他原因而珍惜自己的生命。活着的欲望不是只有现象意识才能激发的。事实上,对于许多动物,我们可以假定一种更基本的无意识求生本能就足够了。所以,我所建议的解决方案似乎并不是必需的。既然我们的祖先已经有了生命本能,为什么自然选择没有顺其自然呢? 如果它没有损坏,为什么要用我一直主张的那种奇特的方式来修复它? 其他人也向我提出了同样的问题。他们说我似乎在为一个不存在的问题寻找解决方案。

我的回答是,"顺其自然"并不是演化的方式。自然选择不断为动物寻找机会,通过接受与适应以前遥不可及的生活方式来提高它们的生物适应性。事实上,这里有一个演化的箭头:为什么动物会迈向具有适应性的新环境,即使那时它们已经做得很好了。

例如,鸟类演化出了翅膀并能在空中飞翔,尽管陆地上的生活对那些留在陆地上的动物来说是相当令人满意的,而且现在仍然如此。有人会说翅膀是一个不存在问题的答案吗? 不,它们是一个必然存在的问题的答案,对于那些试图进入生态位的鸟类祖先来说,这个生态位将通过空中飞行而打开,即如何对抗重力并保持在空中。它们不是必须进入这个领域,但对于那些进入这个领域的动物来说,翅膀就成了它们进入这个领域的通行证。同样地,

---

① David Chalmers (2020). How Can We Solve the Meta-Problem of Consciousness? Reply, *Journal of Consciousness Studies*, 27, 201−226.

我想说的是,现象意识将成为有情识生物祖先必然面对的一个问题,它们试图进入成为天生心理学家的生态位,如何发展个体化的自我感和读心能力。它们不是必须进入这个领域,但对于那些进入这个领域的人来说,现象自我让它变得可通达。

但这让我们想到了批评家提出的另一种反对意见。他们问的不是为什么需要它,而是为什么没有更多。既然以感觉为中心的现象意识能够很好地放大自我感,并提供心智如何运作的图景,为什么心智状态的现象化没有进一步发展呢?为什么自然选择不做得更好,并安排其他心智状态——信念、知觉、意图等拥有具有自己特色的现象感受呢?正如查默斯所说,"为什么通达一种与态度相对的(感官)模态会产生如此惊人的差异,对于这一点还不是很清楚"①。

我不得不同意,如果其他类型的心智状态被赋予了它们自己的现象标志,这可能会使读心更容易些,现象自我也就更值得拥有了。因此,只有感觉才具有现象属性这一事实就需要解释。

幸运的是,我们已经准备好了答案。根据这个理论,感觉最初是对感官刺激的评估反应,是主体读懂正在发生的事情的一种身体表达形式。当这种反应被私化时,它为反馈环路创造了可能,这一反馈环路能精心设计出复杂的吸引子,从而为现象体验提供保障。但请注意这段特殊历史是多么重要。正是因为感觉起源于身体表达,所以其能够进一步获得现象属性。而其他心智状态,由于不是以这种方式产生的,也就无法获得现象属性。

因此,感觉在自我感的基础上扮演着如此独特的角色也就不足为奇了。你感受,所以你存在。但自然选择从来没有机会站在笛卡儿那边。你喜欢思考(think)多久都行,反正你不会因此而存在(there)。

---

① David Chalmers (2018). How Can We Solve the Meta-Problem of Consciousness?, *Journal of Consciousness Studies*, 6—61.

第15章 有情识和有身体感

　　如果思想不能让自我扎根，知觉同样也不能。我们讨论过 H.D. 的案例，一位女性的视力得到了部分恢复，但她的视觉皮层不再起作用，我认为，当视知觉在视觉感觉缺失的情况下存在时，看东西的体验不会带来主观存在的感受。这也是 H.D. 觉得它如此令人失望的原因。

　　感觉与知觉之间的这种分离当然是非常不寻常的，这不是我们大多数人认为能直接知道的事情。然而，有一些日常人类体验的例子可能会让这种分离不像我们想象的那么陌生。我要稍微转移一下话题，强调一下正常感官体验的两个领域，这里事实上在感觉与知觉之间存在着极度的不平衡。一个是"身体位置感"，另一个是"高潮感"。

　　位置感，或本体感，利用关节和肌肉上的传感器获取信息，使你能够知觉身体部位的空间位置。你的脑使用本体感受器转发来的信息来表征事情的客观状态，例如，你左手大拇指在空间中的位置。因此，在黑暗中，你可以用位置感知觉你的大拇指在哪里，而在光亮中，你可以用视觉知觉同样的事实，这两种由不同感官介导的知觉表征一致。

　　然而，相比于视觉和听觉等感官，关于位置感值得注意的是，你对此不会有任何伴随的感觉。你的脑正在使用本体感受器传递的信息，但它并没有向你提供感官刺激的表征。而且，没有感觉，没有现象维度，也没有特定模态的品质。对你来说，在黑暗中给你的大拇指定位是不一样的。

　　位置感其实很像盲视。这是一个纯粹知觉认识的例子。如果有人问你怎么知道自己的大拇指在哪里，你会觉得这是一个令人困惑的问题，你甚至可能不得不承认你只是在猜测。

现在让我们来对比一下性高潮的情况。在这里,一切都是关于感觉的,很少关于知觉。脑对生殖器刺激的输入信号做出反应,通过发送特定指令的信号返回身体——润滑阴道、让阴茎变硬,使血液泵得更有力,呼吸更急促。这种强度逐渐增加,直到它以爆发力的方式释放出来。心率翻倍。在女性,子宫会有节律地收缩。在男性,携带精子的精液被排出体外。你的脑通过监测自己对这些运动反应的命令信号来表征所有感觉,就像延伸了反馈环路——告诉你它在哪里发生(从你的生殖器开始,但扩散开来)、时间(可能是波浪形的)、现象品质(模态类似于疼痛),尤其是这感受起来是多么舒服啊!

然而,值得注意的是,在此处知觉很大程度上是缺失的。性高潮是你对身体事件的体验,而与引起性高潮的客观外部环境无关。这是一个纯粹"像什么感觉"(what-it's-likeness)的例子。如果有人问,你是如何知道性高潮是什么感觉的,你会因为不同原因而觉得这是一个令人困惑的问题。这仅仅因为答案显而易见。你怎么可能不知道呢?完全不需要猜。

位置感和高潮感显然是人类感官系统中的异类。但它们截然不同的侧面恰好符合我们所得出的演化故事的内容和原因。

位置感之所以如此,是因为本体感受器从未涉及评价和对外源性刺激的反应。这是一种身体内部的感觉,所以从来没有人要求你通过读取"我正在对它做什么"(通常什么也没有)来形成"我的肌肉和关节发生了什么"的心智表征。相比之下,性高潮体验之所以如此,是因为生殖器上的感觉感受器的主要作用恰恰就是对外界刺激(特别是来自另一个人的身体)做出评价反应。我们可以说,这是一种身体间(inter-body)的感觉。所以一直要求通过读取"我正在对它做什么"(现在肯定有什么)来形成一个关于"我的阴茎或阴道发生了什么"的表征。事实上,性高潮几乎可以算作我们提出的一般理论的一个典型,即感觉是如何起源于对刺激部位的反应。我们甚至用"到来"(coming)这个词来谈论性高潮(而且,在这种情况下,是一种尚未完全私化的到来的形式)。

结果就是,位置感因为没有与之相联的现象品质,所以对建立你的自我感来说几乎不重要。它虽然让你对你的身体在空间中的位置有感性认识,但矛盾的是,并没有给你任何更深层次的存在于此的感受。一个有趣的后果就是，你对你的自我与身体关系的看法可能会令人惊讶地不稳定。最近的研究表明，操纵人们的体验是相对容易的，这样他们就会产生一种错觉，认为属于自己的身体从他们的真实身体中转移了出来，寄居在了模特的身体里。更令人惊讶的是，人们甚至被说服他们拥有从胸部伸出的第三只手臂。没有任何感觉可以证实或反驳它；如果有，感觉也不会有什么不同。

相反，性高潮使你的自我感变得格外清晰。在这方面，性高潮确实是痛苦的近亲。再次引用攀登者乔·辛普森的话："一种火辣辣、灼热的剧痛从我的腿上蔓延开来。它压弯了我。随着疼痛的加剧，活着的感觉变成了事实。"米兰·昆德拉（Milan Kundera）在他的小说《生命中不能承受之轻》中写道："我思故我在，这是一个低估了牙痛的知识分子的言论……自我的基础不是思维，而是痛苦，这是所有感受中最根本的。当它受苦的时候，即使是一只猫也无法怀疑它独特的、不可替换的自我。"[1]是否可以这样公正地说，"当它自慰时，即使是倭黑猩猩也无法怀疑它独特的、不可替换的自我"。稍后我们将会看到，这不是一个愚蠢的问题。

---

[1] Milan Kundera (1991). *Immortality*, trans. Peter Kussi (London：Faber & Faber).

第16章 情识会一直延伸?

我们的讨论以人为中心。人类体验必然是我们最感兴趣的,也是最迫切需要解释的。但我们自己的体验也激励我们走得更远,去追问情识能超出自己的范围多远。正是因为我们对成为自己的感觉印象如此深刻,所以迫切地想知道成为他者——其他生物,也许还有机器的感觉。

由于我们永远无法从其他生物的体验中直接取样,只能从外部证据中推断,从线索中推断,比如它们的脑、行为和自然历史。如果没有理论,我们就无法理解这些线索,我们甚至不知道它们是线索。现在我们有了一个关于人类如何有情识以及为什么有情识的理论,可以通过询问两个关于允许情识存在的外部条件的引导性问题来研究其他生物的情识。

首先,这种生物是否有合适的脑来传递信息?也就是说,一个有反射的感觉-运动环路构造的脑,可以产生那种我们已经确定为人类情识基础的吸引子。其次,它是否有合适的生活方式来要求它?也就是说,在这种生活下,一种精致复杂的"自我感"会增强其个体和社会生存价值。

这样,我们就可以用这个理论来排除一系列生物。然后,对于那些通过这两个初步测试的生物,我们可以继续问一些更具体的诊断问题,以决定应该包括谁。候选者的行为是否在缺乏现象意识的情况下不可能出现?例如,它是否在实验室或野外展示了证据,表明它有一种个体化的自我感,珍视这种自我感,并将这种想法扩展到其他同类生物?

所以,这是一个两步走的计划。首先,用排除标准判断谁不可能有情识。其次,应用更严格的入选标准来决定谁最可能有。

然而,为了实现这一目标,我们必须在科学信念上有一个飞跃。我们必须确信我们的理论涵盖了所有情识。假设在理论未知的情况下,现象意识可以以尚未考虑的形式存在。如果它可以由一种完全不同的脑过程产生,或者带来我们从未描述过的心理效益,那会怎么样？那么,我们决定谁进谁出的标准就太严格了。如果它不像我们的理论所说的那样具有"开"或"关"的特征,而是可以在不同的生物中沿着从少到多的路径连续存在呢？那么,"进"或"出"的定义将是错误的。

如果这些问题还没有开始困扰你,没关系。我们可以后面再去关注它们。但如果如我所料,它们已经被你追踪了,我只能假设情况会变得更糟,最好马上处理它们。

这个理论的最大风险在哪里？也许最大的挑战将来自另一种替换理论,或者说是一类理论,它以一种完全不同的关于意识的概念开始。

我们一直都假设现象意识是一种心智状态。当你意识到看到红色时,这意味着你正在接受由到达你眼睛的红光引起的现象红色的观念。但如果意识实际上是一种物质状态呢？如果现象红色是加工视觉信息的脑活动的内在属性,那会怎么样？如果只是一种感受突然进入知觉中,没有任何认知工作来表征它,它也没有做任何工作,又会怎么样？

在第9章讨论意识的神经相关物时,我已经提出了这种可能性。在那时,我认为这是一个坏主意,而将其排除了。然而,这种想法以另一种形式不断重复出现。

1971年,有两位杰出的学者讨论了意识。①

哲学家安东尼·肯尼(Anthony Kenny)说:"在我看来,根据沃丁顿(Waddington)所提出的观点,这个杯子应该是有意识的这个假设并没有什么荒谬之处。"理论生物学家沃丁顿写道:

我想对肯尼刚刚提出的一些观点做出回答。现在,我一点也不确定杯子是不是有一点意识。我说过,我认为你必须在原子的定义中加入一些与意识有关的东西,但我补充过,这种意识不会像我们的意识那样高度演化……绝对不排除某种与意识相关的东西遍及全世界。

---

① Anthony Kenny and Conrad Hal Waddington (1972). *Extract from The Nature of Mind*, The Gifford Lectures 1971/72 (Edinburgh:Edinburgh University Press).

你可能会认为这是疯狂的表现。尽管如此,物质可以以某种方式将现象体验作为内在属性的想法已经有很长的历史了。例如,在 1929 年的《大英百科全书》中,"意识"的条目下,你可以读到相关的"心灵理论"(psychonic theory):

第一种理论认为,物质身体的每个原子都具有意识的内在属性。如果每个原子,或者像认为的那样,身体的每个细胞都散发出自己的意识,那么"自我"实际上一定是由所有这些微小的知觉单元的混合体组成的。第二种理论假设,在脑中存在一种特殊的神经细胞,每当被激活时,它就能够产生意识……以意识与神经元现象之间的对应关系为基础的心灵理论认为,每当单个神经元之间的任何连接组织单元被激活时,意识就会产生。连接组织的单位被称为心灵粒子(psychons),每一个心灵脉冲都被认为是物理意识的单个单位。这一理论如今正在进行实验研究。[1]

在我们所处的时代,正如我们已经看到的,哲学家菲利普·戈夫(Philip Goff)和盖伦·斯特劳森(Galen Strawson)正在倡导类似的想法。更令人担忧的是,神经学家朱利奥·托诺尼(Guilio Tononi)提出了一个复杂的科学版本。

托诺尼的"整合信息理论"(IIT)同样以"意识与神经元现象之间的对应关系"开始,并渴望从体验的现象学推断出脑的物理基础:

通过从现象学出发,批判性地使用思想实验,整合信息理论认为:(1)意识的数量就是由一系列复杂元素产生的整合信息的总量;(2)意识的质量是由一组复杂元素之间产生的信息关系所规定的。[2]

该理论认为,不仅在活的脑中,而且在任何规模的整合系统中,只要信息在一个更大的整体中得到协调,就会出现某种程度的意识。重要的是,对于体验是什么样的,并非必须有一个明确的主体。体验者就是作为整体的系统,体验不是别的就是其本身。《新科学家》(*New Scientist*)杂志在一篇题为《宇宙意识》("Cosmic Consciousness")的文章中,将整合信息理论描述为"我们在数学上最成熟的意识理论"。帮助发展这一理论的克里斯托弗·科赫

---

[1] William M. Marston(1929). Consciousness, in *Encyclopaedia Britannica 14th Edition*.

[2] David Balduzzi and Giulio Tononi (2009). Qualia: The Geometry of Integrated Information, *PLoS Computational Biology*, 5.8, e1000462, 1.

(Christof Koch)称其为"唯一真正有希望的意识的根本理论"。

我不否认这个理论有一定的合理性。我不确定我是否完全理解数学。然而,我会毫不犹豫地说,整合信息理论无法连接到本书中所讨论的那种意识。为什么我们要投身于一个堂而皇之地忽略主体和体验的主观现象体验的理论呢?

诗人柯勒律治(Coleridge)明智地建议,在你否定别人的信仰之前,不妨问问自己,为什么他错了。"在你了解一个作家的无知之前,先假定你对他的理解一无所知。"[①]但就托诺尼和他的追随者而言,我想说他们无知的根源是显而易见的。这是我们之前就认定的错误。他们不问现象属性是如何在脑中出现的,而是寻找具有这些属性的某些脑特征。他们寻找的是包含 C 的NC,而不是表征 C 的 NC。

的确,有时可能会发生这样的情况,表征的载体本身具有被表征物的属性,例如,用红墨水写的单词 red,或用五个点表示的数字 five。但我们没有任何理由相信这就是脑表征感觉的方式。正如丹尼特所言,紫色感觉的现象品质可以像"对紫色的一场美丽探讨,只是关于一种颜色,而不是它本身被着色"[②]。

之前我用表征《白鲸记》这个故事的文本做了一个类比。假设现在有一位文学理论家提出了"整合文本理论",来解释印刷图书如何成为小说的载体,前提是印刷图书必须具有与故事相同的形式结构。"整合文本理论试图通过确定故事的本质属性,进而确定讲故事的物理系统的本质属性,从现象学转向了机制。"我希望这不是一个值得认真对待的理论。

如果泛心论不在讨论的范围,我们就不必担心我们讨论的是一种错误的意识。尽管如此,我们仍然可能在错误的尺度上讨论意识。假设我们正在讨论的那种意识——感觉被表征为拥有现象属性——可以以一种更简单的形式存在,在低等动物中服务于较小的心理学功能,不会一直延伸到咖啡杯,咖啡杯根本不能表征任何东西;但会一直延伸到蚂蚁,它们无疑是可以的,甚至可能是细菌。那么,我们专注于脑中吸引子状态的理论,可能把情识的标准

---

①Samuel Taylor Coleridge (1834). *Biographia Literaria* (New York:Leavitt,Lord).

②Daniel Dennett (1991). *Consciousness Explained* (New York:Little Brown).

设得太高了。

我曾描述过自我谜物,它可以是表征现象体验的劳斯莱斯。但也许不用那么复杂的载体,不用涉及吸引子,可以通过不同的演化路线,成为另一种现象自我的基础。

也许吧,但我没见过。我们不要低估基于递归反馈的吸引子理论的作用。(1)这种吸引子可以通过对反馈环路进行相对较小的调整而具有广泛的属性。(2)它们可以由脑中容易存在的反馈环路产生。(3)每一步都有一个可靠的演化轨迹。

我相信我们的理论是唯一可行的。如果是的话,那么这对情识的分布有重要的影响。这意味着在无情识与有情识的动物之间必须有一个明确的门槛。这样就不会有动物在中途徘徊。

你玩过"沉浮子"(见图16.1)吗？当你释放瓶塞上的压力时,被困的气泡就会膨胀,沉浮子就会上升,上面的水的重量就会减轻,气泡进一步膨胀,沉浮子就会跑到顶部。当你增加压力时,它又回到底部。由于正反馈,沉浮子没有稳定的位置。我不知道笛卡儿是不是这个玩具的真正发明者。但一个关于意识为什么必须具有"开"或"关"特征的比喻可能会对他有吸引力。

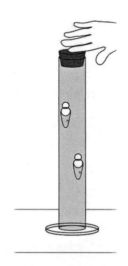

图16.1　沉浮子

我实际上将其视为排除半情识生物的一个强有力理论。但我承认,这不仅让我与泛心论者产生了分歧,也让我几乎与所有写情识分布规律的人产生了分歧,包括一些我认为是盟友的人。我还要多说几句来巩固我的立场,然后提出一点妥协。

沉浮子的比喻肯定不会吸引丹尼特。25年前,他特意拒绝了设立门槛的想法:

> 超出敏感(sensitivity)的情识是什么呢? 这个问题很少有人问,也从未得到过恰当的回答。我们不应该假设有一个好的答案。换句话说,我们不应该假设这是一个好问题……每个人都同意情识需要进一步加上一些未经辨识的因素 X……这里有一个关于情识问题的传统假设:不存在这种额外的现象。情识以各种可能的等级或强度出现……我们几乎不可能发现一个门槛——一个在道德上具有重大意义的"台阶",否则就是一个斜坡。[①]

他当时并没有支持这个传统假设,但提出了这种可能性。他的倾向是很明显的。2013年,在一个关于动物意识的研讨会上,他警告说"在一些像我们一样有意识的动物与其他只是僵尸(zombie)的生物之间划清界限是很危险的"。

百年前,伟大的威廉·詹姆斯(William James)在他的《心理学原理》中告诫演化论者:

> 因此,我们自己应该真诚地尝试每一种可能的方式来设想意识的黎明,这样它就不会看起来侵入了在那之前不存在的、新宇宙本性……事实上,如果有一种新本性出现,就会导致不连续。后者的值是非物质的。对于电影《海军候补生易随》中的女孩,不能用"这孩子太小了"就为其非婚生子开脱。无论多么小,意识在任何哲学中都是一个不合法的诞生,它从无开始,并自称可以通过不断的演化来解释所有事实。[②]

我觉得语言很有趣。为什么意识不连续的侵入是"危险的"或"不合法的"? 丹尼特提到的"具有道德意义的台阶"暗示了困扰他的是什么。但是,无论否认存在门槛的理由是什么,它都不可能是科学的。我们没有理由认定,一般来说自然厌恶不连续。哲学家黑格尔在《逻辑学》中说:

---

① Daniel Dennett (1996). *Kinds of Minds* (New York:Basic Books).
② William James (1990). *Principles of Psychology*, Vol. 1 (New York:Henry Holt).

据说自然界没有突然的变化,通常的观点是,当我们谈到增长或消失时,我们总是想象逐渐增长或逐渐消失。然而,我们也见过这样的情况,即存在的改变包括质的飞跃,过渡到一个性质不同的东西;一个渐进过程的中断,在性质上不同于前面的原状态。①

事实是,突然的突破——相位变化、灾难、引爆点、爆发——是自然现象的一个常规特征,尤其是那些最伟大的现象:大爆炸、自我复制的生命或人类语言。

正如我所见到的,现象意识"以各种可能的等级或强度"出现的想法,似乎更像是一种希望,而不是一个理性的结论(尽管我不清楚为什么它是一种希望)。然而,在我看来,它既没有理论支持,也没有实验数据支持,也没有人类主观体验支持。我已经给出了自己的理由,相信确实存在一个"因素X"——自我谜物,使现象意识不是"开"就是"关"。在我看来,相当肯定的是,有些动物实际上就是"僵尸",没有一丝现象意识,而且,为了后面的讨论,我承认我对此感到高兴。

这就是说,我现在要稍微软化自己的立场。我的理论并没有让我相信所有有情识的动物都是"像我们那样有意识的",实际上也不赞同它们全部与我们一样是有意识的。我同意普遍的观点,即有情识的动物的情识范围一定有所不同,所以,即使从无情识到有情识有一个台阶,某些有情识的动物也比其他有情识的动物的情识更强些。

一个明显的原因可能是,情识在不同的感官模态中传播。这意味着人类和其他动物可以成倍增长情识。拥有视觉情识是一种,拥有触觉情识就会有更多,拥有听觉情识又会有更多东西。因此,情识可以跨模态叠加。

理论允许的情况下,让我们假设,在演化过程中,起初情识只有一种模态,随后扩展到其他模态。那么,随着时间的推移,有情识的动物会逐渐变得越来越有情识,今天情识的范围可能确实很广。假设金鱼能在现象上意识到疼痛,但没有任何其他模态性,而青蛙在此之外能在现象上意识到气味,那么青蛙就比鱼更有情识。

---

① George Wilhelm Friedrich Hegel (1812 / 2015). *The Science of Logic*, trans. George di Giovanni (Cambridge:Cambridge University Press).

也许我们甚至可以在人类之间进行有意义的区分。海伦·凯勒(Helen Keller)既是盲人又是聋人,可以说她拥有比其他正常人更少的现象意识。一个病人,由于脑损伤,失去了视感觉,但保留了盲视的能力,那么他的情识比以前更少了。

尽管如此,在有情识与无情识之间仍然有一个关键的台阶式的区别。作为一个追随詹姆斯的正式类比,想想成为"父母"意味着什么。当你有了孩子,你就跨进了为人父母的门槛。如果你有不止一个孩子,可以说你更像一个家长。然而,在你自己和其他人看来,你与第一个孩子(即使是一个非常小的孩子)经历了要么有要么无的状态改变。在心理学上,可能还有道德上,我相信,向有情识转变同样是突然而深刻的。

第17章 绘制景观图

除非我们有一个关于现象意识如何演化以及为什么会演化的理论,否则我们无法开展关于自然界中何处存在现象意识的讨论。我们提出的理论可能仍然只是一个草图,但我可以相当肯定地说这是一个正确的草图。我们之后不会被反对意见蒙蔽,认为我们讨论的是一种错误的意识,或者对其状态做出毫无根据的假设。

随后,让我们继续使用两步法来诊断情识。首先,根据动物的脑和自然史决定谁不可能有情识;其次,根据具体的测试来决定谁最有可能有情识。

对于谁应该被排除在外的问题,答案一直在稳步形成。我们对现象意识所需的机制及使之推进至此的演化历史推断得越多,这个领域就越小。如果我们调查动物界,从蚯蚓到黑猩猩,越来越清楚的是,很少有动物能同时满足这两个标准:既拥有能够传递现象意识的脑,又拥有使这种意识变得有利的生活方式。因此,如果我们的论点要站得住脚,那么默认的假设就一定是绝大多数动物都是无情识的。

我认识到有些人会对这种说法不屑一顾。"你说大多数动物都是僵尸!"如果作为僵尸意味着它是一种感觉缺乏现象维度的动物,那么是的,我是这么说的。但我要指出,这并不像听起来那样是一种冒犯。因为,在我们建立的理论框架内,僵尸的生命仍然可能相当丰富。感觉缺乏现象维度的动物仍然可以是认知上有意识的,也就是说,它可以内省地通达其心智状态——知觉、信念、欲望等，并展示与之相伴的智能。①

更重要的是，无情识的动物仍然可以有明显的普通的非现象的感觉，可以说这是自带的基本感觉。让我再次总结一下。(1)首先，出现的是内感化——一种对感官刺激的评价性运动反应。(2)其次，出现的是感觉，当动物发现如何监测这种反应从而得出刺激对它们意味着什么的心智表征。(3)最后，一旦反应被私化并建立反馈环路，就会产生现象感觉，此时表征就会呈现出全新面貌。

不同种类的活的动物能沿着这条演化道路走多远，取决于它们必须从中获得什么(如果有的话)。一些动物从未超越过第一阶段。让我们称这些为"敏感者"(sensitives)。它们对感官刺激有反应，但不会对此有心智表征。我希望这个群体包括具有初级非中枢神经系统的动物，其行为主要是反射性的，不涉及创造性的信息加工，例如，海葵、海星、蚯蚓、蛞蝓。

然后，有一些动物进入了第二阶段并停留在那里。我们可以称这些为"亚情识生物"(sub-sentients)。它们确实形成了感官刺激及其心智表征，但它们的感觉缺乏现象维度。我希望这个群体包括脑高度发达的动物，这些动物能够做出需要认知意识的智能行为。它们也许能形成相当复杂的社会。然而，它们作为个体只有有限的自我感，并且也不会将自我性或心智状态归因于他者，例如，蜜蜂、章鱼、金鱼、青蛙。

还有些动物已经达到第三阶段。这些是真正的"情识生物"(sentients)。它们能够独特地将其感官处所发生的事情表征出现象深度。我希望这些动物有巨大的脑，这足以支持创造出自我谜物的复杂感觉运动反馈环路。它们是高度智能的，特别是在社会领域，并拥有强烈的个体自我感，例如，狗、黑猩猩、鹦鹉、人类。还有吗？

我要缩小范围。我认为只有哺乳动物和鸟类才有情识。

---

①我已经引用证据表明了，海伦对她的知觉表征有认知意识，即使她没有视觉感觉：她知道她看到的东西。我认为其他"天生盲视"的动物，如青蛙，也是如此。我们很难想象这种情况：拥有盲视"是什么感觉"。但这可能会有所帮助。有一种知觉现象叫作"变形的完成"(amodal completion)。它是指，你所知觉到的轮廓和表面，在视觉图形上没有直接证据，例如，一个物体的形状被另一个物体部分遮挡着。如果你是天生的盲视者，也许你所知觉到的一切都在这个水平上。

第18章 变 暖

哺乳动物和鸟类有什么其他生物没有的东西吗？它们的脑或生活方式有什么特别之处，以至于它们能够将其他生物甩在身后而获得情识呢？

我们已经看到，在感觉的历史上，跃上现象平面的地坪已经就绪了。一旦内感化被私化，反馈环路就位，情识就在招手了。然而，它似乎是从上面的露台向我们招手。重新设计产生自我谜物所需的脑回路并将其投入使用一定要付出相当大的努力。仅仅通过基因突变和重组就能在短时间内实现它吗？我想知道这一点，但我承认我不太确定。事实上，现在我有一个相当不同的建议。我相信这一突破可能是由环境层面的巨大转变引起的，环境的变化将今天情识生物的祖先推向了下一个阶段，让基因迎头赶上。

哺乳动物和鸟类有一个共同的生理特征，这将它们与其他所有动物区分开来。它们是温血动物。也就是说，它们保持高于周围环境温度的恒定体温，哺乳动物通常为37℃，鸟类为40℃。

我认为，温血性在情识的演化中起着双重作用：一方面，它带来了生活方式的改变，使情识成为一种重要的心理资产；另一方面，它让脑做好了传递信息的准备。

有一个关于温血动物的快速入门知识。在哺乳动物和鸟类中，温血性是一种生理状态，通过内部产生热量，并有一层绝缘的皮毛或羽毛来防止热量损失。化石证据表明，大约在同一时期，即两亿年前（这个时期气候经历了一场剧变），这种能力在恐龙（鸟类的祖先）和犬齿动物（哺乳动物的祖先）身上独立演化。

温血性是有代价的。维持一个恒定的高温需要消耗大量的能量。达到

37℃,人体比地球上任何栖息地的年平均气温都要高。为了保持这种状态,人类吃东西的频率是同等大小的巨蟒的近50倍,并且多摄入30倍的卡路里。考虑到这样的代价,温血肯定有相应的巨大优势,否则这种特征永远不会演化出来。

事实上,优势有好几个。首先,随着体温的升高,各种身体过程实际上变得更加高效,因此可以抵消部分成本。特别是,沿神经发送脉冲的成本会降低,直到在37℃左右达到最小值。结果是,尽管身体的整体运行成本随着血温的升高而上升,但脑的成本却降低了。这意味着哺乳动物和鸟类用相对较少的额外能量来支持更大、更复杂的脑。

其次,温血性能够防御真菌的感染。昆虫、爬行动物和两栖动物等冷血动物都受到真菌感染的困扰。但很少有寄生真菌能在37℃以上存活。这意味着哺乳动物和鸟类现在基本上摆脱了它。

然而,实际上,当环境温度剧烈变化时,两类动物同时演化出了温血性,这一事实表明,最主要的优势并不是上述两个,而是更明显的一个,那就是温血性能让动物安然度过气候变化,扩大生存的地理范围。

不仅冷血动物被限定在相对狭窄的地理范围内,而且它们的活动水平随时受到环境温度的影响。当太阳落山或被云层遮蔽时,蜥蜴等冷血动物的身体会发冷,肌肉和神经活动也会减慢;当体温下降得过多时,蜥蜴就会变得昏昏欲睡。相比之下,温血动物会随环境而动,因此无论是在白天还是黑夜,冬季还是夏季,高山还是平原,其都能保持警觉和活跃地进食、社交、到处走动。化石记录显示,在温血动物演化的那个时期,许多冷血动物因为无法适应不断变化的温度而灭绝了。

正如克劳德·伯纳德(Claude Bernard)在他的著名格言中所说:"内环境的稳定是自由生命的条件。"(*La fixité du milieu intérieur est la condition de la vie libre*)。

现在,我感兴趣的是"自由生命"对身体和心智来说意味着什么。温血动物的身体变得更加自主、自立和自足,我想它们的自我感也会如此。经过数百万年,它们祖先的生命曾经受到环境温度的限制,后来它们发现自己好像挣脱了束缚。在身体和心智上,它们正在成为越来越自主的行动者

(autonomous agent)，可以自由地在它们愿意的时候去喜欢的地方。

我听闻威廉·詹姆斯赞美过人类心智的个体性："绝对的隔绝、不可还原的多元主义是法则。似乎基本的心智事实不是思想，不是这个思想或那个思想，而是我的思想，每一个思想都有归属。"①但隔绝作为心智的一个特征，很可能是从作为身体特征的隔绝性开始的。事实上，詹姆斯还说道：

> 我们对精神活动的全部感受，或通常以这个名字传递的东西，实际上是一种对身体活动的感受，其确切本性被大多数人所忽视……为了拥有一个我所关心的自我，自然界必须首先向我展示一些足够有趣的对象，让我本能地为了自己的利益而想要占有它。②

一个温血的身体是比冷血的身体更有趣的对象，也更值得被自我占有。

但这只是故事的一半。我相信，温血性所带来的对身体和自我态度的改变，将被脑生理层面上发生的事情所放大。

目前为止，我几乎没有谈到神经细胞水平上究竟需要什么才能产生负责现象意识的吸引子。我不会假装自己已经准备好提供一个详细的解剖学和神经生理学模型。尽管如此，如果我必须提出一个产生自我谜物的反馈环路，那就是提高神经细胞传导速度，有效地缩短反馈环路，使脑的运动和感觉域更加接近；再加上神经细胞放电后不应期（refractory period）（暂时休息）减少，细胞可以进行周期性的再激活。

这真是巧合，脑温度的升高注定会同时产生这两种影响。生理学的一个既定事实是，神经元的功能特征随着温度而变化。已经发现一系列动物——温血动物和冷血动物——的所有种类神经元的传导速度都增加了约5％，而不应期减少大致相同的幅度。这意味着，当哺乳动物和鸟类的祖先从15℃的冷血体温过渡到37℃的温血体温时，它们脑回路的速度将增长一倍以上。③

---

①William James (1890). *Principles of Psychology*, Vol. 1 (New York: Henry Holt).

②William James (1890). *Principles of Psychology*, Vol. 1 (New York: Henry Holt).

③当体温上升到发烧水平时，整个大脑就会出现癫痫发作，这种不幸的发生说明了温度升高可能激发人脑中正反馈的潜力。在其他动物中，有证据表明温度升高对感官生理有有益影响。剑鱼虽然是冷血动物，但当它们潜入深海时，可以选择性地提高眼睛的温度，结果是它们的视力提高了十倍。K. A. Fritsches, R. W. Brill and E. Warrant (2005). Warm Eyes Provide Superior Vision in Swordfishes, *Current Biology*, 15, 55—58.

我们已经说过,在感觉的演化过程中,有些"幸运的偶然事件"起了一定的作用。如果温血性扮演了关键角色——一是改变了动物对自我自主性(autonomy)的看法,二是脑为现象意识做好了准备——那么这是一个非常幸运的意外。

时间到了,脑也与时俱进。[①]

---

①可能还有更多的原因。如果作为表征现象属性载体的吸引子,像我们所建议的那样工作,那么它们的形状稳定是很重要的,这样表征才会从一个场合到下一个场合保持一致。但在大脑中,这种稳定性是不可能实现的,因为大脑的温度波动意味着传导速度一直在变化。因此,温血性可能是吸引子成为现象属性可靠提供者的本质前提。如果你明天看到红色的感觉和你昨天看到红色的感觉一样,那你可能不得不感谢自己的恒温脑。

第19章 检验,检验

我们一直很重视论证。按理说,只有当动物需要个体主义的自我感时,它们才会演化成有情识的动物。可以说,现象意识需要一个巨大而温血的脑。可以说,只有哺乳动物和鸟类是这样的。

所以,现在我们需要证据。如果有的话,什么样的实证检验可以解决动物是否真的有情识的问题呢?有没有某种行为形式,如果动物表现出来,我们就可以肯定地认为它是有情识的。或者别的什么行为形式,如果动物表现出来,我们可以得出结论,它没有情识。

对比一下人类是否具有颜色视觉能力的问题。你可能对"假同色图"(Ishihara plates)很熟悉,验光师用它来检验人类的色盲症。使用"消失型同色图"(vanishing plate)时,只有色觉良好的人才能在相同亮度的绿点中挑出红点数字12。使用"隐藏型同色图"(hidden plate)时,只有色盲的人才能看到数字5,而对于那些有色觉的人来说,他们能看到的其他颜色的图案掩盖了数字5。

如果期望对情识的诊断检验能给出同样明确的结论,那就要求过高了。情识不是一种像色彩视觉那样的成就,更像是一种存在方式,而且首先是一种以私人化形式显现的存在方式。情识的归因将是一个推断问题而不是直接观察问题。然而,我们虽然不应该要求太多,但也不能要求太少。近年来,在我看来,那些放弃了对情识进行决定性检验的理论家已经准备好接受那些过于自由的检验,而且很可能导致假阳性。

今天哲学家和科学家广泛推荐的策略只是为了检验情识的候选者是否表现出人类现象意识所伴随的行为或心理特征。他们默认这些行为是由人类现象意识引起的,然后继续以类比的方式争辩说,如果对人类来说是正确的,那么对非人类动物来说也可能是正确的。

例如,哲学家迈克尔·泰伊(Michael Tye)引用了他认为是艾萨克·牛顿的一条原则:"同一种自然结果的原因必须尽可能是相同的。"①因此,要是人类在特定情况下以某种方式行动是因为他们对感受的有意识体验,如果动物在相同的情况下也有类似的行为,那么我们就有权假设动物的行为有类似的体验原因。灵长类动物学家弗兰斯·德·瓦尔(Frans de Waal)赞同道:"如果某种能力涉入人类的意识,那么它可能涉入其他物种的意识。"②

这种进路(approach)的问题无法逃过你的眼睛。这是一种假定,即当一个特定的人类行为伴随着现象意识出现时,它一定是因果性地"涉入"现象意识,并且如果没有现象意识它就不会发生。

泰伊认为疼痛行为就是一个例子。他观察到,处于疼痛中的人通常会表现出旨在对抗有害事件并寻求帮助的行为。"这是不言而喻的,"他说,"我们想要摆脱疼痛,并且因为这种感受,会采取行动减少或消除它。"③

但是,事情并没有那么简单。正如我们之前所讨论的,例如,当你触摸到一个热炉子时,有了疼痛的感觉,并收回你的手指,但还不清楚你对疼痛的意识——你知道你有疼痛的感觉——是否在此起任何因果作用。你确实有这样的印象,你的行为是由痛觉的感觉引起的,而且是由感受到的特殊品质引起的。你认为如果没有这种现象感受,这种行为就不会发生。这是你告诉自己的故事。但实际上,这个故事很可能是一种用户错觉,这是一种理解事物的方式,但并不能真正揭示你心智的因果结构。

对比一下自由意志。如果要求你主动移动一下你的手指,你会有一种印象,做这件事是出于自己有意识的意志行动。但这也是一个故事。通过记录脑活动,实验已确定,你的脑在你意识到要做这件事之前就已经启动这个运动。如果你触摸到热炉子时的脑活动被记录下来,我毫不怀疑结果会是一样的,在你拥有意识的感觉之前,你已经启动了收回手的动作。

---

①Michael Tye (2017). *Tense Bees and Shell-Shocked Crabs* (Oxford:Oxford University Press).
②Michael Gross (2013). Elements of Consciousness in Animals, *Current Biology*, 23, R981—R983.
③Michael Tye (2017). *Tense Bees and Shell-Shocked Crabs* (Oxford:Oxford University Press).

因此,我们应该对用我们所知或自认为所知的事情进行类比推理持怀疑态度。就人类而言,如果一个特定的行为是否真的由现象意识引起的问题还有待讨论,那么我们显然不应该得出结论说,同样的行为只能由动物的现象意识引起。

我并不是说我们应该一直持怀疑态度。当然,我坚信,现象意识存在时,可以产生因果效应而且肯定会产生因果效应,正如我之前所说,产生"与行动相关的态度变化"。这里有一个关于"然后会发生什么"的答案。很多时候,在人类的例子中,我们确实正确地理解了这种因果关系,清楚地知道接下来会发生什么以及为什么。

当我们的故事真正契合人类接下来发生的事情的原因,并且我们观察到同样的事情发生在动物身上时,我们完全有权应用牛顿原理并得出结论,原因是相同的。事实上,我同意泰伊、德瓦尔和其他人的观点,在这种情况下,类比论证是一种很好的推断非人类动物中情识的存在的方式,这可能是最好的方式也是唯一的方式。但是,我们首先要对人类做出正确的判断。

因此,我们必须关注那些由感觉带来的态度变化,我们可以确信,体验的现象属性才是原因。这意味着我们可能不得不超越那些立即浮现在脑海中的"典型"行为。例如,如果我们感兴趣的是疼痛,我们可能要考虑一些矛盾的例子,在这些例子中,人们欢迎疼痛,因为它具有肯定生命的特性,即使人们希望疼痛本身结束。

我引用了昆德拉的话:"当它受苦时,即使是一只猫也不能怀疑它独特的、不可替换的自我。"那么,想想"薛定谔的猫"。猫坐在盒子里,悬浮在生与死之间的不确定状态,直到有人打开盖子看一看。假设当盖子打开时,猫正捏着自己看自己是否还活着。

毫无疑问,这比我们对猫的期望还要多。然而,我敢说,只有像这样的异常行为,而不是主流行为,才能为情识提供有力证据。

因此,为了继续,我将提出一些行为来进行讨论,这些行为如果出现,就会清楚表明现象自我的存在,即"我-事情"(I-thing),在人类这里它会成为思考、专注和追求的对象。通过进入这个层面,我们将寻找证据,证明我们可以确定这是现象意识的结果(effect),而不仅仅是一个推论。更重要的是,我们要检验的正是我们的理论所提议的使现象意识演化成功的东西,所以我们要应用这个自然选择必定已经进行过的检验。

有三种行为需要考虑:第一,通过拥有现象自我而成为可能的行为,如果没有现象自我就不可能发生;第二,通过拥有现象自我来促进的行为,如果没有现象自我,它将不会发生;第三,为了维持现象自我而要求的行为,如果没有现象自我,就是无关的。前两个与现象自我的作用有关,后者与它需要什么有关。但其中任何一个证据都可以证实自我存在。

此外,关于我们从这些行为中得出的结论,将有两个层次的确定性。我们正在研究的行为可能只有有情识的动物才能或才会表现出来,所以这种行为足以证明情识。或者,这种行为可能是每个有情识的动物肯定会表现出来,所以没有表现出这种行为就足以证明无情识。

在下一章中,我将首先考虑那些似乎对现象自我的成长和维持至关重要的行为;其次将转而讨论现象自我带来的一些力量。

第20章 感受质论

在第15章,当我们讨论现象自我获得持续同一性意味着什么时,我把感觉的流动比作悬挂在长长的画廊中的一系列画作,可以追溯到过去。随着你长大,随着序列的展开,你会认识到这些画作都是"你的"。

但现在,让我们把这个问题带回到起点。就人类而言,脑的感觉运动通路直到出生几个月后才发展出髓鞘,所以赋予感觉以现象属性的反馈环路可能直到那时才会发挥作用。这意味着,你在婴儿时期遇到的第一个现象感觉——疼痛、气味、颜色等,是不可名状的,一定是作为一种完全新奇的东西闯入你的脑海。"这是关于什么的?""这是关于我的"的这个答案想必需要花一些时间才能找到。你需要练习才能找到成为你自己的办法。

鉴于自我对心理学发展的重要性,我们应该期待幼小的动物——幼小的有情识的动物——会本能地以各种可能的方式探索感觉的领域。对于外部观察者来说,动物似乎只是为了取乐而积累体验,沉浸在探索性的游戏中。但从内部看,每一次新的体验都会为成为自己是什么样的感觉的图景增添一个补丁,帮助建立现象的同一性。

那么,哪些动物从事感官游戏呢?

(1)鸟类可以。年轻的猫头鹰尖啸着扑向树叶;小乌鸦和松鸦会捡、检查和隐藏各种闪闪发光的东西;年轻的海鸥和燕鸥会把小物品带到高空,把它们扔下去,在半空中接住它们,然后再扔下去接住它们;小鸡会寻找新的物体并戳它;鹦鹉会模仿成年人的行为,如梳理羽毛、模仿歌曲和声音;欧椋鸟会戏弄或故意骚扰对方,或逗弄家猫。

(2)哺乳动物可以。包括人类儿童、狼崽、小山羊、海豚幼崽或任何年幼

117

的哺乳动物。

(3)其他动物则不然。爬行动物、鱼类、软体动物、昆虫、甲壳类动物等几乎不玩耍。不可能为它们中的任何一种列出感官游戏的清单。对那些不太聪明的动物来说,这也许并不奇怪。但我们可能会认为,拥有敏捷身体和创造性思维的章鱼会与狗和鹦鹉一样,挑战体验的极限。令人惊讶的是,年轻的章鱼远没有老鼠或麻雀那么爱玩。[①]

这似乎是违反直觉的,除非你接受这样一种观点:如果一种动物没有表现出任何迹象来发展和丰富它的现象自我,那么它可能就没有一个可以发展和丰富的现象自我。

这是对情识的弱检验。我们不能说,如果一只幼小的动物从事探索性游戏,它就必须是有情识的。还有其他原因可以解释为什么玩耍有助于生存,然而,我们可以肯定地说,那些不玩耍的动物最不可能有情识。

让我们从婴儿期开始,进入一种更强的检验。

哲学家托马斯·内格尔(Thomas Nagel)写道:

有些要素,如果添加到一个人的体验中,会让生活更美好;而其他要素,如果添加到一个人的体验中,会使生活变得更糟。但是,撇开这些不谈,剩下的就不仅仅是中立的了,还具有明显的积极意义……体验本身而不是体验的任何内容提供了额外的积极意义。[②]

对内格尔来说,现象意识本身具有内在价值,这种价值不需要参考其他任何东西来证明。但是,根据我们的理论,在生物学上,当务之急是评估现象意识。有情识的动物已经演化到能本能地发现体验是有价值的,因为那些努力保持现象自我浮出水面的祖先是幸存者。

因此,对情识的下一个检验很简单,作为一个成年人,情识的候选者是否通过寻找那种自我赖以生存的体验,来继续滋养和肯定自我呢? 那是一种什么样的体验呢?

内格尔认为,无论体验是让生活变得更好还是更糟,它都是有价值的。

---

① 有关于章鱼参与物体游戏的记载,如玩球。但没有一个是表现出寻求感觉的例子,也没有一个涉及社交游戏。

② Thomas Nagel (1979). *Mortal Questions* (Cambridge:Cambridge University Press).

我完全同意这一点。因此,例如,虽然甜味和酸味的感觉对营养来说有非常不同的影响,但两者在支持现象自我方面都是积极的。但是,内格尔说重要的是"体验本身"而不是"体验的任何内容",很难令人赞同。一个体验除了它的内容之外,还有什么呢?

看来内格尔所要表达的正是感觉与知觉之间的区别(尽管像许多哲学家一样,他并不了解里德的区分)。当你有一个感官体验时,给予它积极影响的是主观感觉的现象特征,而不是任何伴随客观事实的知觉。这与我们的理论相一致。但在把它发展成一种对情识的检验之前,我们需要对现象内容进行更多的说明——为什么有些体验相比其他体验对自我的作用更大?

我们在前面的讨论中认识到,现象意识可以跨感官模态进行叠加,一个体验中涉及的模态种类越多,自主程度就越大,体验就越有分量。但它也可以在一个单一的模态中增加:刺激域越多样、结构越美观,体验就越有分量。相对于黑白场景,你看到彩色场景时更有意识;而当你欣赏康定斯基(Kandinsky)的画时,你会更加有意识。

人类有针对"感官诗歌"的眼睛、耳朵和鼻子。也就是说,各种感觉相互作用——押韵、呼应、对比、追逐、补充——的体验,让人们注意到自己,并了解他人。非人类动物是否会像人类一样喜欢各种感官刺激模式,这是有待讨论的问题。但对于人类来说,这是一种强烈而根深蒂固的特质。我们通常认为人类是智能物种、智人(Homo sapiens)、地球上最聪明的物种;但在很多方面,人类也是地球上最感官化的物种。大约10万年前,从现代人类首次出现在考古记录中开始,与他们相关的人工制品就包括长笛、壁画、雕塑、人体彩绘、装饰珠宝和漂亮的贝壳收藏品。我们有充分的理由相信他们创造了一些目前找不到证据的艺术形式:舞蹈、熟食、花环、性。

据推测,这并不是始于人工制品。我们远古的祖先一定就像今天的我们一样,从自然界已经存在的事物中获得了启示:自然界的韵律与和谐。人类可能是异常感官化的动物,但足够幸运地生活在一个能提供令人吃惊的感官享受的世界。走出大门,诗就在那里等着你。彩虹、云、山、日落、波浪、雪花、星星、雷电、鸟鸣、蕨类、花、香味、蝴蝶、黑莓。

诗人保罗·瓦莱里(Paul Valéry)惊叹道:"多么无言的奇迹啊,万物如是,我亦如是!"①也许他能代表所有有情识的人类说:"因为万物皆如是,我亦复如是。"

那他也能代表非人类动物这么说吗? 看看再说。

对于人类来说,那种自我赖以生存的体验的杰出例子就是音乐。作曲家迈克尔·蒂皮特(Michael Tippett)问道:

> 音乐真正表达的是什么? 它不是关于从外部世界获得的感觉,而是关于我们内部的暗示、直觉、梦想、幻想、情绪和感受……没有人知道我们为什么需要它,但人类确实需要它作为某种东西的一部分,我认为我们必须使用"灵魂"这个词。我们希望自己的灵魂得到滋养,灵魂得不到滋养,我们就会死。②

这似乎是对的。只可惜音乐首先是关于感觉的。要是你怀疑这一点,想想看,如果相同的声学信息以不同的感官方式到达,你能知觉到相同的事件,但却感受不到它是以声音感觉的形式出现的,那么你根本不会在乎音乐了。

的确,有时有人声称,视觉上知觉到的乐谱可以等同于声音。一位评论家在谈到舒伯特的《弦乐五重奏》第四乐章时写道:"纸上的音符看起来很美。"有些人甚至认为,声音会成为障碍。哲学家阿多诺(Adorno)坚持认为,听音乐的理想方式是在脑海中安静地听;他还批评德彪西(Debussy)过于关注其作品的实际音色,阿多诺称为"对物质的迷恋"③。指挥家托马斯·比彻姆(Thomas Beecham)冷嘲热讽地说:"英国人可能不喜欢音乐,但他们绝对喜欢它发出的噪声。"④

但是,这些观点值得引用,只是为了引出一个普遍的规则:听音乐时,你会因为耳朵里发生的感觉感到愉悦。你享受这种主观体验,纯粹是因为它本身,不是因为你能从中学到什么,也不是因为你该对它做什么,只是单纯因为能成为它的主体就挺好。正如蒂皮特所说,它滋养你的灵魂。

---

① Paul Valéry (2021). *Notebooks*, in *The Idea of Perfection: The Poetry and Prose of Paul Valéry; A Bilingual Edition*, trans. Nathaniel RudavskyBrody (New York: Farrar, Straus and Giroux).

② Michael Tippett (1979). Feelings of Inner Experience, in *In How Does It Feel?*, ed. Mick Csacky (London: Thames and Hudson).

③ Nicholas Spice (2019). Ne Me Touchez Pas, *London Review of Books*, 24 October, 20, 41.

④ Thomas Beecham (1961), quoted in *The New York Herald Tribune*, 9 March.

让我们回到我之前为判断情识而制定的标准。在这里,对于听音乐,我们有一个涉及人类行为的例子,从表面上看,现象意识显然有因果责任:如果缺少了听觉感受质,大多数人都会在意。这种行为在很多情况下,除了能使自我感受良好之外并没有明显的益处。因此,科学家可能不想对这种行为提供更低层次的解释。总而言之,这是一种行为,如果我们在非人类动物身上看到它,那就不应该否认其也具有现象意识。

那么,事实上,有没有非人类动物被音乐或任何类似的东西所吸引的例子呢?

有几个实验研究过一个相关的问题,与其说是动物是否喜欢音乐,不如说播放音乐时它们的行为是否不同。人们始终发现,正确的音乐——缓慢而有节奏的音乐——可以产生镇静的作用。与重金属音乐相比,在雷鬼音乐和软摇滚前面,狗舍里的狗会更放松一些,它们的心率会稳定下来,更容易躺下。当奶牛听慢节奏的古典音乐时,比如贝多芬的《田园交响曲》,它们的产奶量会略微增加。

这些发现并没有告诉我们,如果有机会的话,动物是否会选择听音乐。然而,一些研究通过对比对不同音乐的偏好,在一定程度上实现了这一目标。在一项研究中,研究人员试图找出,当家猫可以自由选择接近两个说话者中的哪一个时,其是否会对"猫音乐"表现出比人类的音乐更多的偏好。①这些检验是在猫窝中进行的,扬声器被放置在相隔几米的地板上。实验允许这些猫自由漫步,并由它们的主人观察它们是否有不同的反应。"猫音乐"由有节奏、和谐的声音序列组成,这些声音是专门根据猫的听觉范围而创作的,并包含与猫有关的内容——呼噜声和唧唧声。用于比较的人类音乐是相对简单的古典音乐,如弗雷《悲歌》节选和巴赫的《G弦上的咏叹调》。结果显示,猫更容易适应和接近播放"猫音乐"的人。

这很有前景。但这表明猫喜欢"猫音乐"吗?可能是。然而,仅凭粗略的行为证据,还很难说。动物接近声音来源的原因有很多。猫可能想吃它,依偎在它身边,与它交配,或者,最可能的,只是对它好奇。"猫音乐"可能比人类

---

① Charles T. Snowdon, David Teie and Megan Savage (2015). Cats Prefer Species-Appropriate Music, *Applied Animal Behaviour Science*, 166, 106−111.

的音乐更能引起猫的好奇心,仅仅是因为猫对此更感兴趣。但是,对发出声音的东西的兴趣与对声音本身的兴趣之间有很大区别。人类听巴赫的《G弦上的咏叹调》并不是因为我们想知道更多关于它的事情。[①]

如何解释实际上比这还要糟。正如我描述自己对猴子审美的研究中认识到的那样,来自偏好检验的证据——动物在一种刺激物上停留的时间比另一种刺激物长——并不是衡量吸引力或主观喜欢的可靠标准。如前文所述,我发现,相对红光,一只猴子在蓝光中停留的时间更长。然而,随后的检验表明,这并不是因为它更喜欢蓝色,而是因为做出其他选择的速度太慢了。同样的道理,一只猫在播放"猫音乐"的扬声器附近花费更多时间,可能只是因为它做出继续前进的决定速度较慢。

无论如何,正如我现在认识到的那样,所有这些研究都走错了方向。人类寻求音乐体验,不会简单地对所提供的东西做出反应,而会竭尽全力去实现它。因此,我们如果想要发现与非人类动物的相似之处,必须让动物领路。

我们想要更多自然主义的观察性研究,让动物随意去做,我们观察它们会去找什么样的感官体验。作为一种研究策略,这注定会更加偶然随意,但当它来临时,我们至少有可能找到金子。

幸运的是,我们有YouTube。就像英国的考古学受益于那些在远古田野里跑腿的业余金属侦探一样,对动物心智的研究也受益于那些在互联网上搜索动物表现出类似人类行为的视频观看者。

所以,让我们加入进来。事实上,YouTube上有很多视频显示动物会自发地接近演奏乐器的人。视频的标题如下:"鲸鱼闲逛听小提琴""放牧的牛跑去听手风琴音乐""卡罗琳娜·普罗岑科正在为一只小松鼠拉小提琴""男人用本土长笛吸引马匹"。

其中一些案例非常惊人。例如,松鼠靠近年轻的小提琴手,歪着头,盯着乐器。对我们来说,看这个视频时,很容易想象这只动物是因为喜欢这种声音而接近,就像我们在地铁里接近一个街头艺人一样。我们可以肯定,动物

[①] 在我早期关于猴子审美的实验中,关注的是"兴趣"(interest)和"快乐"(pleasure)之间的区别。Nicholas Humphrey (1972). Interest and Pleasure: Two Determinants of a Monkey's Visual Preferences, *Perception*, 1, 395—416.

确实是主动的。但如何解释的问题依然存在。在每一种情况下,另一种解释是动物对正在发生的事情感兴趣,在某些情况下很明显是对正在发生的事情感到困惑。假设情况反过来,你遇到一只袋鼠在吹长号,毫无疑问,你会去仔细看看,但不是出于对音乐的感觉。

什么时候我们能确定这不仅仅是好奇心呢?如果动物以前去过那里,并且已经很清楚地知道会发生什么,那么我们就有更充分的理由认为,这是快乐而不是兴趣在起作用。在人类听音乐时,情况往往是这样的。你对贝多芬奏鸣曲的兴趣不会因为你以前听过它而减少(事实上,它可能会增加)。然而,据我所知,没有证据表明动物会回来反复听同一首音乐。

当然,在其他情况下,动物确实会为了得到更多它们非常期待的感觉而返回。黑猩猩收集蜂蜜就是一个生动的例子。刚果的黑猩猩爬上高高的森林树冠,用棍棒攻击蜜蜂的巢穴。用一位研究人员的话来说:"营养回报似乎没有那么大。但是成功的时候,它们的兴奋之情是难以置信的,你可以看到它们品尝蜂蜜是多么享受。"黑猩猩显然获得了感官高潮。但它们这样做不是为了学习任何东西。甜蜜的味道、痛苦的蜜蜂叮咬、肌肉的努力、敲击棍棒、兴奋的尖叫和持续的危险共同创造了一种感觉的交响乐。

然而,麻烦的是,这里显然有一个较低层次的解释。即使营养回报不是很大,但也不是微不足道的。我们只需要假设,当黑猩猩缺乏卡路里时,它们天生就会寻求甜味的感觉,而在这个例子中,情况已经超过了上限。我们真正想要的是类似音乐这样的例子,我们可以确信这些感觉会为它们自身带来回报,而不是被当作其他东西的代替物。

黑猩猩在瀑布中的行为似乎更接近这一点。在坦桑尼亚的冈贝河保护区,有人观察到,成年雄性黑猩猩会在瀑布周围转来转去,仿佛有意寻求意识扩张(consciousness-expanding)的体验。《国家地理》摄影师比尔·沃劳尔(Bill Wallauer)描述了这个场景:

弗洛伊德(雄性领袖)以典型有节奏地、有意地在藤蔓上摇摆来开始他的表演。几分钟后,他从 8 英尺的瀑布穿梭到 12 英尺的瀑布上摇摆。有一次,弗洛伊德站在瀑布的顶端,把手伸进溪水里,摇动岩石,使它们一块一块地滚下瀑布。最后，他沿着瀑布（用藤蔓慢慢地）往下走，落在下游大约30英尺处的一块岩石上。它放松下来，然后转向瀑布，盯着它看了好几分钟。那一次，我愿意献出身体的一部分来了解黑猩猩在想什么。[①]

珍妮·古道尔当然认为这对黑猩猩来说是一次很棒的体验："为什么黑猩猩不会有某种真的对自己之外的事物感到惊讶的……灵性感受呢？"

或者，正如我们所说，对自己感到惊讶，陶醉于自己的存在。

除了黑猩猩，其他动物也能从这样的自然现象中得到灵感吗？这些问题都在网上。严肃对待的话，答案要少得多。没有证据表明任何动物会专门去欣赏日落、彩虹、云朵形成或风信子漂流。就这一点而言，它们爬山也只是因为山在那里。但是，在动物层面，它们肯定会抓住大自然提供的感官冒险的机会。

在 YouTube 上，你可以看到一些精彩的例子。天鹅在海滩上冲浪，然后回去找更多的浪。一只白嘴鸦跳上一个锡盘，从被雪覆盖的屋顶上滑下来，把锡盘带回屋顶，又滑了一遍。海豚骑在船头的波浪上。猴子从高处跳入水池，溅起巨大的水花。加拉（galah）——一种小型的澳大利亚鹦鹉——飞进旋风，被向上抛起，发出响亮的尖叫，出现在旋风顶部，然后飞到底部，再重新进入旋风。水牛滑过一个结冰的池塘，兴奋地吼叫着。一只狗拖着雪橇来到山顶，跳上雪橇，沿着雪坡滑下100米，转过身来，再玩一次。

我们很容易在这里看到一个共同的主题。跨越物种和环境，这些活动都涉及离开地面：对抗重力，获得失重状态。我们也可以把人类放进去。人类喜欢滑雪、滑翔、潜水、荡秋千、坐过山车。就好像有一种想要离开自己身体的原始冲动。更重要的是，人类经常梦想飞行。

梦中，你克服重力，漂浮在地面上，甚至像鸟一样飞翔，这是非常常见的。这些被来自不同文化传统的人们以及遥远的历史记录下来。西格蒙德·弗洛伊德（Sigmund Freud）认为，飞翔的梦是由童年玩秋千或被胳膊荡来荡去的记忆塑造的。

人类学家曾指出，人们常常把他们的梦看作心智独立于物质身体的证

[①]Bill Wallauer, Waterfall Displays, https://www.janegoodall.org.uk/chimpanzees/chimpanzee-central/15-chimpanzees/chimpanzee-central/24-waterfall-displays (accessed 10 May 2022).

据。在一项说明飞翔梦对人类的意义是什么的研究中,克莱尔·米切尔(Claire Mitchell)问参与者在梦中"他们是否还是自己"[①]。所有人都肯定是的。然而,正如她所说:"我认识到他们实际上是在描述'超越自己'的状态。"一位参与者说:"我是我。我绝对是我,但我是没有世界的重量的我。"另一位参与者说:"我不觉得自己是个凡人。"非人类动物——不仅仅是鸟类——会梦见飞行吗?我看不出有什么理由去否认它,也不知道这会对它们的自我图像产生什么积极的影响。

我把一种特殊的感觉留到了最后,因为它似乎是绝对不同的。在这里,动物不是从外部寻找感官刺激,而是通过操纵自己的身体在内部创造所需的刺激。我指的是自我取悦,自慰。

自慰在哺乳动物和鸟类中都是一种普遍的行为。就频率而言,人类处于领先地位:年轻男子平均每三天就自慰一次,并达到高潮,而女性也不甘落后。倭黑猩猩紧随人类之后。此外,驴子会,企鹅会,蝙蝠也会。事实上,几乎每个人都这样做。也许最具创意的自慰方式是雄性宽吻海豚,人们观察到,它用阴茎勾住沙地上的鳗鱼,然后让阴茎悬浮在鳗鱼的背部,让蠕动的鳗鱼帮它自慰。[②]几乎同样有创造力的还有猴子和黑猩猩,它们把活蟾蜍作为性玩具。众所周知埃丽卡·容(Erica Jong)吹捧无拉链性交(zipless fuck):"无拉链性交绝对纯净。它没有别有用心……没有人试图证明什么,也没有人想从别人那里得到什么。无拉链性交是最纯粹的,它比独角兽还稀有。我从未曾拥有。"[③]但是,可以说,自慰接近这个理想。正如昆汀·克里斯普(Quentin Crisp)在BBC的一部电影中所嘲讽的那样:"性交是自慰的蹩脚替代品。"

我在第13章中说过,对于人类来说,性高潮使现象自我急剧成为焦点。而且,这种体验虽然围绕着身体的感觉,但可以具有一种崇高的无身体(unbodied)品质,就像那些飞翔的梦一样,甚至更多。如果对非人类动物来说

① Claire Mitchell (2019). An Exploration of the Unassisted Gravity Dream, *European Journal of Qualitative Research in Psychotherapy*, 9, 60—71.

② A. F. McBride and D. O. Hebb (1948). Behavior of the Captive Bottle-Nose Dolphin, Tursiops truncatus, *Journal of Comparative and Physiological Psychology*, 411, 111—123.

③ Erica Jong (1973). *Fear of Flying* (New York: Holt, Rinehart and Winston).

也是如此,这样说会不会太过?

的确,就像采蜜一样,这种益处可能有更低层次的解释。自慰确实模仿了性交。所以,即使是没有情识的动物,当机会出现的时候,自慰也可能被设定为条件反射。如果有一些无情识的动物有时会自慰,但误以为是性交,我们不应该感到惊讶。事实上,在乌龟、蜥蜴和青蛙身上都观察到了这种行为。我不知道一只无脑的青蛙会不会这么做,但我不会为此感到惊讶。

然而,有几个原因让我们相信哺乳动物和鸟类的自慰不仅仅是生殖性行为的泛滥。人类通常从孩童时期就开始自慰,并一直持续到老年。对许多动物和人类来说,性高潮通常是通过自慰而不是性交来达到的。自慰通常是一项单独的活动,就像通过耳机听音乐一样。这种感官愉悦——至少对人类来说——即使不比伴侣性行为带来的愉悦更大,也与伴侣性行为带来的愉悦相当。

从演化的角度来看,除非有无性的好处,否则这一切都非常奇怪。毫无疑问,自然选择首先使性高潮令人愉悦,从而促进性交,产生后代。但为什么要把性高潮设计得具有如此独特的品质呢?为什么要让自我愉悦如此轻易就能获得,还如此有吸引力,以至于会分散你对其他更有价值的活动的注意力?让我们至少接受这样一种可能性:长期以来,性高潮在自我的诞生和维持中扮演着重要的角色。性高潮的功能已经朝着这个方向调整了。

正如我们前面所看到的,性高潮的感觉是独一无二的。没有任何其他感觉会与运动反应如此紧密地联系在一起。"到来"是一个真正的肌肉活动。但是,与其他感觉一样,体验来自对运动指令的解读,而不是对运动指令的反应。这种感觉仍然可以出现在脊髓被切断的人身上,因此射精、子宫收缩等实际上并没有发生。男性和女性有几个方面的反应与受孕无关,它们被引入性高潮的设计是为了给体验增加复杂性和协调性吗?直截了当地说,性高潮是自制的身体音乐吗?

我们说过,现象自我是一种需要培育的资产。有情识的动物需要常规剂量的现象体验来维持自我漂浮。当动物为了感觉而寻求感觉时,这有力地证明其实际上是有情识的。黑猩猩的瀑布表演、狗的雪橇、鸭子的自慰……都指向这个方向。除了现象体验，很难想象这些动物还会寻找什么。

这是对情识的有力检验。但这个测试设置了一个很高的标准，我们应该认识到，不是所有有情识的动物都能通过。我们一直在寻找动物寻求那些没有实际价值的体验的证据，以便不去计算那些行为可能是由简单的好奇心、对热量的渴望或性所激发的。这意味着我们还没有统计出同时在多个层面上获得奖励的行为：既是自我的养料，也是身体的养料。黑猩猩对蜂蜜的追求可能就是这样一个例子，就像性繁殖过程的性高潮一样。

但我们完全可以想象，有些有情识的动物实际上在日常追求的过程中获得了其所需的所有体验：吃东西，或梳洗，或闻对方的屁股。在这种情况下，这些动物可能永远不符合我们为了感觉而追求感觉的标准。它们不需要自慰或在冰上滑行。我们如果发现它们有，那很好，可以说它们是有情识的。但我们如果发现它们没有，不能说它们没有情识。

这也适用于人类。人类不是听音乐的。蒂皮特可能是对的，音乐滋养了灵魂，除非人类的灵魂得到滋养，否则他们就死了。但是那些不听音乐的人的灵魂大概没有死，只是少了一点鲜活性。

因此，让我们对本章标题"感受质论"（qualiaphilia）下的证据进行中期评估。

哺乳动物和鸟类普遍在婴儿时期有玩耍或嬉戏行为。有些（尽管可能不是全部）为了感官体验本身而继续寻求感官体验。相比之下，哺乳动物和鸟类以外的动物很少有玩耍或嬉戏行为。据我所知，没有其他物种会寻求感官快感。

这就是我们所预测的。玩耍或嬉戏行为是我们期望在所有有情识的动物身上看到的东西。所以游戏的缺失对情识不利（即使游戏的存在并不能证实情识的存在）。为了感觉而寻求感觉是我们期望只在有情识的动物身上看到的东西。因此，它的存在确证了情识，尽管它的不存在并不能证明否证这一点。

目前为止，我们只看到了与成长和维持一个现象自我相关的行为证据。我们还没有讨论能提供积极证据的行为，证明动物正在把这种自我运用到它们的生存活动中去。

第21章 行动中的自我

我们已经在几个方面讨论了感觉是如何对人类起作用的,围绕身体感觉属性建立的自我如何塑造一个人的心理,加入到他自己的价值感中,并改变他对他人的态度。

对人类来说,现象自我成为构成你的那个"我"的持续存在物(the enduring entity)。你每天早上叫醒,并在晚上把它放到床上的就是这个"我";这个"我"拥有你的信念、欲望和行动,并赋予它们以连贯的叙事;这个"我"出现在你的记忆和梦境中;这个"我"承载着你的希望、恐惧和抱负;这个"我"是想象他人之自我的模板。

那么,它将如何在非人类动物中发挥作用呢?有什么证据表明动物有像"我"这样的东西,能理解它的结构,并认为其他动物也具有这样的自我?

这些都是正确的问题,而且是一种对情识很好的潜在检验。但对于动物,我们能问它们吗?为了展示如何在适当的层次上提出这些问题,我将把它们当作一个我非常了解的特定动物的问题,这些动物可以成为其他物种的参考点。

我的狗,伯尼,是一只四岁的标准贵宾犬。一切都表明它是有情识的。我这么说是因为它有无法抑制的生活乐趣(*joie de vivre*)。没错,我没见过它骑雪橇。但当我暗示要出去散步时,它就会高兴地跳起来,跳得有一米高。一到小路上,它就伸出头到处嗅,然后撒腿跑开,疯狂地追逐一切会动的东西,或者什么也不追。它找到一根棍子,叼过来让我扔给它,一次又一次。当我们到河边时,它跳了进去。它咬了满口野草,把它们抛向空中,然后爬上河岸,像一个旋转的托钵僧。我们一到家,它就把猫追到树上,只是为了与它闹着玩,然后跟着我进了书房,在靠窗的位置坐下来,观察着世界的流逝。每隔一段时间,它就会过来,把一只爪子放在我的椅子上,要求我抚摸它。它听到邮递员的敲门声,会飞奔到前门,疯狂地狂吠起来。

感受质论,你的名字叫伯尼。但让我们问问它,以及其他可能的情识候选人在一些关键的功能检验中表现如何(见图21.1)。

图21.1　伯尼

伯尼是否有关于自己的连续同一性的观念,或者任何与它延续的"我"等同的东西吗?

它当然知道自己的名字。如果它能用语言表达自己,我相信"伯尼"这个词语一定是其中之一。美国有一只叫斯特拉(Stella)的狗,人们训练它用爪子按键盘上29个按钮中的一个,每个按钮会发出不同的发音。其中一个按钮会发出"Stella"的声音。据说,它会按下"斯特拉走出家门"这样的词语序列,然后跑向门口。[1]

人们也教会了其他几种动物用象征符号与人类交流:会手语的黑猩猩华秀(Washoe)、会说话的鹦鹉亚力克斯(Alex)、会签名的大猩猩科科(Koko)、会写符号字的黑猩猩莎拉(Sarah)。虽然它们的语言还没有达到人类的水平,

---

[1] Christina Hunger (2021). *How Stella Learned to Talk : The Groundbreaking Story of the World's First Talking Dog* (New York : William Morrow).

但它们都很快学会了使用标志或符号来表达自己,并且都用这些自我符号(self-symbol)来表达自己的欲望和情绪。

2001年,我有机会观察到一只名叫尼基西(N'kisi)的非洲灰鹦鹉,它和主人艾梅·莫甘娜(Aimée Morgana)住在纽约哈莱姆区。艾梅在它很小的时候就把它养在家里,高强度地指导它如何通过英语口语与人交流。三岁时,它就学会了几百个词语,它会自发地用这些词语来指称人和事,有时还会把它们串成有意义的序列。

我去拜访的那天,尼基西正在客厅里自由地飞翔。角落的笼子里还有一只小鹦鹉,叫安多拉(Endora)。艾梅告诉尼基西远离安多拉。尼基西坐在架子上,渴望地看着她。我听到它大声地说(显然是自我指令):"尼基西,不。尼基西,不。"但最后它还是忍不住飞了下来,落在笼子上。安多拉攻击了它的脚,咬了它的一个脚趾,造成了严重的伤口。尼基西退到架子上,可怜地举起受伤的脚。它看了看艾梅,"尼基西受伤了,"它说,"想飞过去。""好吧。可怜的尼基西",艾梅说,然后它飞到了她的肩膀上。

如果伯尼的脚受伤了,它也会来找我处理。假设伯尼可以表达:"伯尼,受伤了,想被爱抚。"问题是:"伯尼"指的是什么?据推测,它一定会想到一些关于伤害和欲望的主题。事实上,它必须思考它的主观自我。"我"受伤,"我"想要。

还有什么证据能证明伯尼有"我"的概念?直接针对狗的自我概念的研究是有限的,并不是很有启发性。狗没有通过镜像标记测试,该测试是为了测试狗是否可以通过练习学会将在镜子中看到的狗脸——现在脸上有一个意想不到的标记——与自己的脸对应起来。狗通过了镜像气味测试,该测试是为了测试狗是否通过嗅探发现一小块尿液是自己的,从而相应地对其他狗的尿液不感兴趣。

但这些测试对狗的主观自我的存在几乎没有任何影响。镜像标记测试尽管经常被引用以此作为动物的"有意识自我性"的证据,但更多的是一种智能测试,而不是自我性测试。该测试要求动物通过练习学会认出镜子里自己的脸(当然,动物从来没有直接看到过自己的脸)。

黑猩猩、大象和海豚是少数几种能做到这一点的动物。但是,即使动物能做到这一点,我们也不清楚拥有一张脸与拥有主观自我有什么关系。正如米兰·昆德拉(Milan Kundera)所写的:"脸,那种偶然的、不可重复的五官组合……既不反映性格,也不反映灵魂,也不反映我们所谓的自我。面部只是样本的序列编号。"[①]如此之巧,伯尼的皮肤下植入了一个微芯片。如果这个编号显示在屏幕上,我希望它能接受训练认出这是它的号码。这个数字可以有效地成为它名字的视觉版本,还有声音版本的"伯尼"。但它的自我并不存在于数字中,就像它不存在于声音或面孔中一样。

自我也不存在于"我"这个词中。"我"也是一个名字。无聊的是,它可以是说话者身体的名字:"我六英尺高","我要去购物"。但有趣的是,通常情况下,它实际上是说话者的主观自我的名字,"我感受""我想""我记得"。如果伯尼真的能学会用它的名字来传达它的心智状态,就像斯特拉显然能做到的那样,这将是一个比任何镜像标记测试更好的有意识自我性的测试。我是说"如果"它可以。但当它向我走来,举起它的爪子时,我相信实际上它正在这么做。它向我靠近的时候在命名自己。它的行动比任何言语都更有说服力。[②]

伯尼会与它的"我"在时间中旅行吗?

尼基西被咬伤后,我从艾梅网站上得知,在接下来的几天里,它反复提到这件事,说"它咬破了我的脚趾"。这似乎是它对体验过的情景再体验的一个明显例子。尼基西可以在时间中逆向旅行。事实上,存在情景记忆更显著的证据。有一次,艾梅带着它去芝加哥的亲戚那里。当她们在那里时,它几乎没有说一句话,这使每个人都很失望。可是一回到家,它就把旅途中发生的

---

①Milan Kundera (1991). *Immortality*, trans. Peter Kussi (London:Faber and Faber).

②丹尼特不像我那样愿意相信狗拥有具有自我意识的现象自我。"即使有,狗大概也不会认为成为它是一种感觉。这并不是说狗会认为成为一条狗没有任何感觉;狗根本不是理论家,因此不会遭受理论家错觉的折磨。这个难问题和元问题只是我们人类的问题,而且主要是我们这些特别善于反思的人的问题。换句话说,狗不会被问题直觉所困扰。就这一点而言,狗、蛤蜊、蝉虫和细菌确实享受了(或者至少受益于)一种用户错觉,它们的能力只能辨别和追踪环境中的某些属性。"Daniel Dennett (2019). Welcome to Strong Illusionism,*Journal of Consciousness Studies*,26,48—58.

事情一件件地讲了出来。

伯尼能像这样穿越回去吗？这没什么证据,但这里有一个例子。我们出去散步之前,我通常会给它食物。如果我给它碗里放完食物后,站在门口等着它出去,这时它会左右为难:到底是吃完再走还是马上出发？通常,它决定先狼吞虎咽;但有时它太喜欢散步了,还没喝完碗里的水就与我走了。我观察到的是,当我们半小时后回到家时,它清楚地记得它是怎么留下食物的。它如果没有吃完,会跑回碗边;如果吃完了,就不费心了。

如果伯尼能像这样记住事实,不管上一次碗是否是空的,它能记得自己的行为吗,能记得上次做了什么吗？狗记住自己行为的能力已经得到了试验检验。①10只狗参加了这项研究。最初,每只狗各自的主人会教狗按指令做几个动作,然后,如果主人说"重复",它就重新做一遍。在检验阶段,主人会先让狗自发地做出一些新的动作,如捡起玩具、用碗喝水或者跳到沙发上;随后,主人把狗叫过来,过了一会儿,出乎意料地发出命令"重复"。当延迟20秒时,狗在70%的试验中成功地重复了之前的动作;当时间为一分钟时,狗重复上述动作的概率为65%。当实验延迟一小时,狗被关在笼子里时,仍然有35%的成功率。研究者谨慎地表示,他们只发现了"情景式记忆"的证据,并没有声称狗的有意识自我一定参与其中。但我愿意代表伯尼对他们说,我们有理由得出这样的结论:它确实一直在记录自己最近的历史,它可以以第一人称"我"回到这段历史。

现在,如果一个动物能够将自己投射到过去,记住事情是怎样的,那么对它的脑来说,能够继续推进并想象事情接下来将会怎样,可能并不是艰难的。我不知道有什么证据能证明狗可以做到。但有充分的证据表明,其他动物也会提前做计划。剑桥大学尼基·克莱顿实验室的研究表明,乌鸦家族可以预测到未来会发生什么,并提前做好准备来满足预期的需求。例如,灌木松鸦会把食物储存在一个它预计第二天自己会饿的地方。类似地,黑猩猩也能学会使用解决问题所需的工具,并随身携带。马尔默动物园里有一只黑猩猩,它特别喜欢向壕沟另一边的游客扔石头。到了晚上,动物园关门的时候,它

---

① Claudia Fugazza, Péter Pongrácz, Ákos Pogány, et al. (2020). Mental Representation and Episodic-Like Memory of Own Actions in Dogs, *Science Reports*, 10, 10449.

就会重新准备石头,为第二天做好准备。

所以,如果你能在时间上前向和后向投射你自己,那么侧向投射呢? 如果你能想象自己未来的处境,也许你现在也能想象别人的处境。正如威廉·黑兹利特(William Hazlitt)200 年前所观察到的那样:"我仅凭想象力就能预测未来的事物,这个过程必须把我带出自我,进入他人的感觉,通过同样的过程,我被推向前,就像进入我未来的存在一样。"[1]

他说得很容易。然而,实际情况可能并非如此。即使你在过去和将来都与你自己的"我"有直接联系,但这并不意味着你就能跨越到别人的"我"。这是伯尼能做到的吗?

伯尼会认为别的个体也有他自己的"我"吗?

伯尼当然把组成它的社会世界的人、狗和猫视为个体。它对待他们的方式不一样,对他们有不同的期望。它甚至知道其中一些人的专属名称。当然,这并不意味着它认为他们拥有一个它那样的"我"。它是否明白,除了它自己以外别的个体也可以成为体验的主体,这些体验对他来说是真实的和个体的,就像它的体验对它来说是真实和个体的一样。

我们注意到,"我"这个词通常代表说话人的自我。因此,它是一个人称代词,就像"你"和"他"一样,它的指代物会随着说话者的变化而变化。当你听到另一个人说"我"这个词时,你会默认他指向的是一个属于他自己的自我中心,而不是你。你可能会认为这对任何非人类动物来说是一个很难的观念。然而,在一个精巧的实验中,京都的研究人员事实上成功地把人称代词的符号教给了一只雌性黑猩猩 Ai。[2]

Ai 与一个人类同伴一起坐在交互式电脑控制台前,玩匹配样本的游戏。每一轮游戏开始时,其中一个会按下一个按钮,屏幕上会显示一个代表我(me)或你(you)的符号。两秒钟后,会出现两张照片,分别是 Ai 和她的人类

---

[1] William Hazlitt (1805). *An Essay on the Principles of Human Action*(London:J Johnson).

[2] Shoji Itakura (1992). A Chimpanzee with the Ability to Learn the Use of Personal Pronouns, *Psychological Record*,42,157—172.

同伴。如果轮到 Ai，me 出现，她要摸自己的照片，而 you 出现，她要摸同伴的照片。如果轮到同伴，me 出现，Ai 要摸同伴的照片，而 you 出现，她要摸自己的照片。没几天，Ai 就在练习中掌握了这个技巧。她换过九个人类同伴，无论哪一个，她都做对了。

这是黑猩猩有能力理解符号的条件意义（conditional meaning）的显著证据。"如果我启动符号 me，它代表我的照片，但如果你启动同样的符号 me，它代表你的照片。"伯尼不像黑猩猩那么聪明，如果它能学会用抽象符号来表达，我会很惊讶。然而，假设这是一个对身体表达的条件意义的理解问题："如果我说哎哟，意思是我很痛，但是如果你说哎哟，意思是你很痛。"它对这个任务的准备可能要充分得多。

事实上，在这种情况下，我毫不怀疑它能做到。就像我说的，它如果受伤了、哭泣了，会希望我安慰它。但如果我哭了，它就会过来舔我。这似乎意味着伯尼理解，除了它自己，其他人也可以成为个人体验的主体，而个人体验对其他人来说，就像它的体验对自己来说一样重要。但事实是这样吗？如果是这样，它能在多大程度上分辨出那些体验是什么？

伯尼是天生心理学家吗？它会读心吗？

我认为，答案是"在一定程度上是的"。但对伯尼或任何其他非人类动物，我不认为这是一个不合格的"是"。这似乎与我之前所说的有所矛盾，但为表示我对此的谨慎，我需要多说一点关于"心智理论"（theory of mind）的历史。

我在第 8 章中描述了我提出"天生心理学"观点的背景。我对山地大猩猩的观察让我开始思考社会智能，以及它对动物的行为和关系推理能力提出的各种要求。动物如何成为——正如它必须成为——一个心理学家呢？它对另一种生物的心智是如何运作的拥有什么样的模型呢？

一种答案是——这是 50 年前的传统做法——动物解决这个问题的方式，就像行为主义科学家那样，煞费苦心地收集观察证据，然后试图弄明白它。但我认识到，这会让动物陷入困境，太慢，太难了。一定有别的办法。当然，我们人类知道另一种方法是什么。我们走了一条捷径:用自己的心智作为模型。也就是说,我们利用自己的内省知识来想象成为另一个人会是什么样子。

人类凭借其现象意识,能够成为心智主义者(mentalists),而不是行为主义者。

但如果人类是这样做的,我们可能会猜测,有些动物也有能力这么做。虽然我直接想到的是大猩猩,但很快我就想把许多其他高度社会化的物种包括进来:老鼠、鲸鱼,当然还有狗(我承认当时我没有把鸟类包括进来)。

1977 年,我在英国科学促进会(British Association for the Advancement of Science)的一次演讲中提出了这些想法。

大自然想出的诀窍是内省;事实证明,一个人可以从自己的情识中通过类比推理来建立一个他人行为的模式,他自己的情识事实则通过审查意识内容而呈现给自己……群居动物永远不可能成为行为主义者。如果一只老鼠对其他老鼠行为的了解仅限于行为学家迄今为止对老鼠的所有发现,那么这只老鼠就会表现出对它的同伴非常不了解,以至于会灾难性地搞砸自己参与的每一次社会互动……作为一门自然科学的心理学的哲学,行为主义不可能,想必也不符合要求。[1]

然后,在 1978 年,大卫·普雷马克(David Premack)和盖伊·伍德拉夫(Guy Woodruff)在《科学》杂志上发表了一篇关于他们的黑猩猩萨拉(Sarah)的研究报告,该研究似乎是对心智状态归因能力的绝妙检验。[2]萨拉看了一段视频,视频中一名男子在解决一个问题时遇到了困难。例如,他够不到一串香蕉,不能打开笼子的门,不能从软管中取水。然后给她看两张照片,其中一张呈现了对特定问题的解决方案:一把开锁的钥匙、一些可以站立在上面的盒子、一个可以转动的水龙头,等等。在八个难题中,莎拉选出了七个正确的解决方案,这表明她确实可以从男子的角度看问题。

---

[1] Nicholas Humphrey (1978). Nature's Psychologists, 1977 Lister Lecture of the British Association for the Advancement of Science [short version], New Scientist, 29 June, 900−904.

[2] David Premack and Guy Woodruff (1978). Chimpanzee Problem Solving: A Test for Comprehension, *Science*, 202, 532−535.

他们的论文题目是《黑猩猩解难题：理解能力的检验》（"Chimpanzee Problem-Solving：A Test for Comprehension"），正如他们解释的那样："这项研究检验了动物有解决问题的知识——它们能够推断问题的本质，从而找出解决问题的潜在方法。然而，令人惊讶的是，作者一开始并没有过多强调这是一项专门测试心智理解能力的检验。

前一年，我为《科学》杂志写了一篇关于普雷马克的著作《猿和人的智能》（*Intelligence in Apes and Man*）的书评，之后我一直与他通信。我给他寄了一份题为《天生心理学家》的讲座副本。他没有发表意见。但很快就清楚了，我们是在平行思考的。事实上，就在这一年，他和伍德拉夫发表了一篇新论文，在论文中他们报告了与萨拉相同的实验，但题目不同。《黑猩猩有心智理论吗？》①重点放在了读心上："比起作为物理学家的猿猴，我们更感兴趣的是作为心理学家的……在这篇论文中，我们推测了黑猩猩……将心智状态归因于自己和他人……的可能性。"他们得出结论："猿猴只可能是一个心智主义者。除非我们大错特错，否则它还没有聪明到成为一个行为主义者。"

这是第一次使用"心智理论"（theory of mind）这个具有挑衅性的词语。这篇论文及其精妙的实验引发了对其他动物甚至人类读心能力进一步研究的浪潮。行为主义科学家不仅希望能证实萨拉的研究结果，还能将其推广。但令人沮丧的是，这并没有发生。事实上，后来人们试图证明黑猩猩或其他非人类动物能够准确地辨别其他动物的思想和感情，但令人沮丧的是，这些尝试都没有得出结论。西莉亚·海耶斯（Celia Heyes）在2015年的一篇文章中总结道：

对动物读心的研究有可能解决一些基本问题，即人类归因心智状态这一能力的本性和起源，但这个研究项目似乎陷入了困境。从1978年到2000年，有几个研究小组使用了一系列方法，其中有些很有希望研究动物是否能够理解各种各样的心智状态。从那时起，许多热衷者变成了怀疑论者，实证方法

①David Premack and Guy Woodruff（1978）. Does the Chimpanzee Have a Theory of Mind?，*Behavioral and Brain Sciences*，4，515−526. 有趣的是，作者错误地将他们之前在《科学》上的论文标为1975年。盖伊·伍德拉夫（在2020年的个人交流中）告诉我，当他们与萨拉开始进行一系列实验时，他们并没有打算研究"心智理论"。直到一年后（在听了我的演讲之后？），普雷马克才想到用这些术语来解释他们的发现。

变得更加有限,人们也不再清楚对动物读心的研究试图要发现什么。①

　　到底是哪里出了错？我认为问题始于"心智理论"中"理论"这个词语。它让人们对心智状态归因的复杂性产生了错误的预期。在我自己的文章中,我提出了一些更简单的东西。作为一个天生心理学家,当你假设别人的想法和感受与你在他的情况下的想法和感受相似时,你就能读懂别人的心了。你想起它对你来说是什么样子的,这给了你一个足够的基础来预测接下来会发生什么,不需要理论。但是,在普雷马克和伍德拉夫的构想中,读心变得更为宏大,你通过理性的思考得出对方是什么样的。例如,你推断出,这个人试图逃跑,但是找不到钥匙,或者他错误地认为床下有一条蛇,或者他所处的位置看不到香蕉。

　　这种对推理的强调在普雷马克和其他人重提丹尼特1971年提出的"意向立场"(intentional stance)概念时变得更加复杂。丹尼特提出"意向立场"是一种描述人类如何去预测其他"意向系统"行为的方式:

　　　　它是这样工作的。首先,你决定将要预测行为的这个对象视为理性行动者;其次,你要找出这个行动者应该有什么样的信念,考虑它在世界上的位置和目的;再次,基于同样的考虑,你找出它的欲望;最后,你预测这个理性行动者会根据自己的信念采取什么行动来推进目标。在大多数情况下,对所选择的信念和欲望进行一点实际推理,就会产生一个该行动者应该做什么的结论,这就是你对该行动者会做什么的预测。②

　　现在,很有可能有一种非人类动物拥有这样的脑力来这么做,理性地"计算出"别人心里在想什么。但令人惊讶的事实是,当接受检验时,没有任何非人类动物,甚至黑猩猩,擅长做这个。

　　我急切地想说,即使动物没有普雷马克意义上的"心智理论",或者没有丹尼特意义上的"意向立场",它们仍然有能力成为不那么以理论为基础的天生心理学家。正如我们前面所看到的,有一些要求不那么苛刻的方法可以让你利用自己的体验来洞察他人。即使你不能设身处地地去了解它们现在的

---

①Celia M. Heyes (1998). Theory of Mind in Nonhuman Primates, *Behavioral and Brain Sciences*, 21, 101−148.

②Daniel Dennett (1987). *The Intentional Stance* (Boston, MA: MIT Press).

想法或感受,你仍然可以把自己作为一个模型来获得对它们的一般性理解。特别是,你如果能把其他动物感官能力——看、听、闻、尝、摸——的范围理解成与你一样,就能很好地确定你要对付的角色类型。

你们应该还记得,我已经不止一次地提出这个问题,在讨论拥有现象自我的好处时,思考一下海伦,那只失明的猴子,它可能很难理解另一种动物的看是什么样的。我在《天生心理学家》中将海伦的案例作为一个思想实验。这个例子特别有针对性,我将引用一段较长的内容:

> 让我们思考这样一种假设:一只猴子,它出生后不久就做了手术,因此它的生活中从来没有意识过视觉感觉。这只依赖知觉的猴子,大概会像任何脑完整的猴子一样,发展使用视觉信息的基本能力;它变得能够用眼睛来判断深度、位置、形状,识别物体,找到周围的路。事实上,如果这只猴子是在处于与其他猴子社会隔离的状态时受到观察,那么它可能看起来没有任何缺陷。但是日常的猴子并不生活在社会隔绝状态中。它与其他猴子不断互动,它的生活在很大程度上取决于它对其他猴子行为的预测。现在,一只猴子如果要预测另一只猴子的行为,必须认识到的一件的事情就是,另一只猴子也会利用视觉信息——另一只猴子也能看到。我怀疑,出生时视觉皮层就被切除的猴子在这方面存在严重缺陷,它因为对视觉没有感觉,所以也不会想到另一只猴子也能看见。[1]

为什么理解对方使用的是哪种感官模态如此重要呢?重复一遍,因为不同的感官系统——视觉、听觉、嗅觉等——有不同的责任。如果你想知道另一种生物可能忙于什么,你需要了解它的波长。然后你就可以在两个层面上运用来自自己体验的知识。首先,在知觉层面,你可以猜测对方从外部世界获得了何种知识。例如,在视觉中,它会根据颜色、形状、距离等描述物体;用触摸来描述物体的质地、重量、温度等。其次,在感觉层面,你能猜出对方对影响其身体的感官刺激会有哪类感受。例如,就视觉而言,它会有现象红色的感觉;就触摸而言,会有寒冷或疼痛的感觉。

让我们注意,这是你把现象属性投射到知觉对象上的习惯彰显其价值。

---

[1] Nicholas Humphrey (1980). Nature's Psychologists [full version] in *Consciousness and the Physical World*, ed. B. Josephson and V. Ramachandran (Oxford:Pergamon).

例如,还记得在前面的讨论中,当你将现象红色投射到一朵罂粟花上时,你实际上是在建造一座通往其他有情识生物的桥梁。你看到罂粟花是"紫红色的"(rubropotent),它好像有能力唤起别人的红色感受质,就像你一样。你如果是一只猴子,我猜当你将现象红色投射给夜空时,会看到天空好像有能力让另一只猴子感到紧张不安。

现在,让我们回到伯尼。不,我不确定它是否有心智理论。尽管如此,我很确定它是一个天生心理学家,它用自己作为预测他人行为的模板。它知道我能看见,即使不能准确知道我可以看见什么。当我在房间里时,它不会从桌子上偷食物;即使我背对着他,它也不会偷,但我一离开房间它很快就会。

它也许有能力跳出自己的视角看问题。在一个实验中,一只狗和它的主人被隔开在障碍物的两侧,两个相同的玩具被放在狗那侧的障碍物上,只有一个是在主人的视线范围内。当主人让狗去取玩具时,它总是会去取他们俩都能看到的那个玩具。其他研究人员已经表明,狗会在人与食物之间来回看,向人发出信号,表示它需要够不着的食物。

但有一个惊奇发现。狗仍然会向人类寻求帮助,即使它有充分的理由相信这个人是盲人。人类学家弗洛伦斯·高内(Florence Gaunet)做了一项研究,比较导盲犬与失明主人的互动,以及宠物狗与视力正常主人的互动。[1]这些狗被拍到"向"它们的主人要食物。用作者的话说:

导盲犬与宠物狗一样,会盯着主人、盯着容器,也会交替注视。事实上,导盲犬对主人对它的注视信号没有反应并不敏感。结果表明,总体来说,导盲犬无法理解主人不同的注意力状态(即主人无法识别狗发出的视觉信号)……换句话说,导盲犬并没有发现它的主人看不见它。

有趣的是,导盲犬确实可以有些不同的表现,它可以大声地咂嘴,似乎是为了提供一种特殊的非视觉线索,但它并没有这样做,而是给出视觉信号。

我们该如何理解这一切?我的解释是,狗作为天生心理学家,实际上过度依赖于把自己当作榜样,它无法跳出自身体验的框架进行思考。导盲犬从来没有尝试过在一间灯火通明的房间里睁着眼睛却看不见东西。所以,失明

[1] Florence Gaunet (2008). How Do Guide Dogs of Blind Owners and Pet Dogs of Sighted Owners (Canis familiaris) Ask Their Owners for Food?, *Animal Cognition*, 11, 475-483.

状态是一个奇怪的想法,让人无法理解。

在某些情况下,我们人类也同样是目光短浅的。我们完全不善于发现其他人可能有我们自己没有的感官限制,或者其他动物没有的感官限制。我们假设,只要像我们这样的感官出现,它们的主人一定会以我们习惯的方式使用它们。所以,例如,海豚的舌头又大又明显,我们可能就会假设,海豚一定能尝到味道。事实上,我们会惊讶地发现,海豚完全没有味觉。在这方面,我们人类的读心能力很差,因为我们认为比起自己像海豚,海豚更像我们。我想这是双向的。海豚作为天生心理学家可能也会认为人类可以像它们一样回声定位。伯尼可能以为我的嗅觉比它的好得多。我也回报了它,假设它有良好的颜色视觉,我还是很惊讶它在草地上找不到橙色的球。

伯尼会认为我有情识吗? 它会在乎吗?

伊曼纽尔·列维纳斯(Emmanuel Levinas)描述过一只狗,它经常游荡到它曾经被关押的纳粹集中营去。"狗总是很高兴去看囚犯,这是唯一把它们当人看的生物。它非常清楚,它被囚禁的朋友都是有情识的人,它也是这样对待他们的,而他们的同族,纳粹的狱警却不是这样。"[1]

所有的一切都表明,伯尼确实不仅把其他狗和人类视为独立的身体,而且把他们视为值得尊重的个体自我。它向曾经缺席的朋友打招呼,就像欢迎另一个心智回来一样。它想在我写作的时候与我坐在一起,好像我的存在让它感到安心。如果我对其他狗表现出兴趣,它就会嫉妒,好像不愿意分享我的爱。而且,至少在某些情况下,它会保护那些它视为家人的人,包括我,就好像它能感受我们。

据观察,许多哺乳动物和鸟类都表现出对其社会群体中其他动物福祉的共情关心,有时也对陌生人表示关心。亚里士多德在他的《动物志》(*Historia Animalium*)中,考察了动物的脾气,突出了狮子的温顺、大象的敏感及海豚的善良,海豚会从渔民手中拯救同伴,或保护死去的幼崽,防止幼崽被捕食者抓

---

[1] Emmanuel Levinas (1990). The Name of a Dog, or Natural Rights, in *Difficult Freedom: Essays in Judaism*, trans. Sean Hand (Baltimore: Johns Hopkins University Press).

走。他特别提到了海豚"对男孩热情依恋的表现",并讲述了海豚让小男孩骑着它、拉着他在水中游的故事。

芝加哥动物园里的一只雌性猩猩救了一个三岁的男孩,因为男孩爬过栅栏掉进了猩猩的围栏里。她轻轻地把他抱起来,带到动物园管理员可以照顾到他的门口。亚里士多德如果听过这个故事,一定不会感到惊讶。他也不会怀疑诗人海伦·麦克唐纳(Helen MacDonald)的描述,当她因失恋而悲伤地坐在剑桥的河岸上时,一只天鹅对她表示了同情。天鹅摇摇摆摆地走了过来,坐在她身边:

> 我注视着她,她那弯曲的脖子、乌黑的眼睛、空洞的高傲。我以为她会停下来,但她没有。她径直走到我坐的地方,她的头比我的高。然后她转身面对着河流,向左移动,扑通一声坐了下来,她的身体和我的身体平行,她的翅膀紧紧地贴在我的大腿上。①

当一个动物安慰另一个遭受失败的个体时,像麦克唐纳遭遇的那样,动物行为学家称为"安慰行为"。情境通常是身体攻击。个体为争夺统治权、配偶和食物而争斗。一个赢,另一个输。但在许多物种中,从黑猩猩到狼,再到白嘴鸦,旁观者看到了战斗是如何展开的,它们并没有急于讨好胜利者,通常会通过身体接触或梳理毛发来为失败者提供支持和安慰。

对处于困境中的另一个人施以援手的冲动已经在各种动物身上进行了实验研究。在一项针对狗的实验中,狗的主人坐在一个房间里,门是关着的,而隔壁房间的狗可以通过用鼻子按压来打开门。在房间里主人不是痛苦地哭着,就是哼着小曲。当主人哭泣时,狗打开门的速度要快得多。②

在一项针对老鼠的更戏剧性的研究中发现,老鼠能够采取行动帮助另一只似乎有溺水危险的老鼠。有一个盒子,盒子里有两个隔层,用透明隔板隔开。在盒子的一边,一只老鼠被迫在它非常不喜欢的水池里游泳,另一边是一只待在干燥地板上的老鼠。干燥地板上的老鼠通过推开中间的一扇小门,可以让游泳的老鼠爬到地板上,把它救出来。几天之内,干燥地板上的老鼠

①Helen MacDonald (2021). *Vesper Flights:New and Collected Essays* (London:Vintage).
② Mylene Quervel-Chaumette, Viola Faerber, Tamas Farago, et al. (2016). Investigating Empathy—Like Responding to Conspecifics' Distress in Pet Dogs,*PLoS ONE* 11,4,e0152920 .

很快学会了为浸泡在水里的同伴开门。当水池干涸时,老鼠没有开门,这表明老鼠是在回应对方的痛苦,而不是想要陪伴。此外,研究人员还发现,当角色互换时,经历过被浸泡过的老鼠比没经历过的老鼠更快地学会了如何拯救笼子里的同伴,这表明,作为自然的心理学家,它们会采取行动,因为它们知道这是什么感觉。[①]

在这些实验中,动物被赋予了采取积极行动来保护处于困境中的另一个动物的机会。但同样重要的是,如果动物有所选择,它们会避免采取可能造成痛苦的行动。60年前,人们用恒河猴做了一个残酷的实验。研究人员教猴子拉一条链子分发食物,出现红光时拉一条,出现蓝光时拉另一条。连续三天,猴子都很愉快地完成了这项任务。然后,第四天,其中一条链子被设定为对隔壁房间的猴子进行高频电击,这通过单向镜可以看到。接下来发生的事情非常引人注目。从那时起,大多数猴子拒绝拉电击的链子。它们宁愿挨饿也不愿伤害隔壁房间的猴子。但是,个人经验再次至关重要。当角色互换时,有过电击经历的猴子尤其不愿意这样做。[②]

这样的证据似乎表明,读心和同情心不可避免地相伴而行。也许任何能感受到他人痛苦的有情识的生物都会被感受驱使而想要帮助他人减轻痛苦。如果这是普遍的规则,那就太好了。但即使是最多愁善感的人也必须知道,事实并非如此。那些我们假设有情识的动物并不总是这样,我必须特别指出,伯尼就并不总是这样。伯尼虽然会对家庭成员表现出温柔的关心,但有时会对家庭以外的人表现得很残暴。它会恐吓猫和邮递员。但更糟糕的是,它会猎杀其他与它没有亲属关系的有情识的生物。最近,我听到了从花园底部传来的尖叫声。伯尼在围栏上困住了一只麂鹿,并恶毒地咬它,但没有被它可怜的叫声吓住。一只更小的鹿——可能是它的幼崽——在一旁看呆了。

我承认我觉得这件事既令人担忧又令人费解。伯尼知道我哭的时候表示我很痛苦。所以,它肯定能认识到当鹿哭的时候,鹿是痛苦的。当我痛苦

---

① Nobuya Sato, Ling Tan, Kazushi Tate, et al. (2015). Rats Demonstrate Helping Behaviour Toward a Soaked Conspecific, *Animal Cognition*, 18, 1039−1047.

② Stanley Wechkin, Jules H. Masserman and William Terris (1964). Shock to a Conspecific as an Aversive Stimulus, *Psychonomic Science*, 1, 47−48, 237.

时，它关心我。那它为什么不关心鹿呢？条件似乎增加了。"如果你痛苦，而你又是我的亲人，那我会关心你；但如果你很痛苦，而你是一只鹿，我无论如何都会继续咬你。"

这种情况还有另一个方面让我感到困惑。鹿为什么哭？这有什么意义？想必，动物已经演化出了在受到攻击时哭泣的能力，这要么是为了向同类寻求帮助，要么是为了警告同类不要靠近，要么是为了威胁攻击者。但在这种情况下，另一头鹿不可能帮上忙。小家伙没有逃走。所以，我只能认为，哭泣的目的是让狗感到困惑或扰乱它的情绪。在这一点上，它显然失败了。[①]

显而易见的是，伯尼对其他有情识的生物表现出的那种同胞之情是具有高度选择性的。当然，不只是伯尼。没有动物具有普遍的同情心。我曾震惊地看到那些可以像狗一样温柔地对待彼此的黑猩猩，竟然可以把一只哭泣的疣猴活活吃掉。更糟糕的是，它们还会殴打并杀死另一只黑猩猩，而这只黑猩猩一直被它们视为同类。

那人类自己呢？查尔斯·达尔文写道：

超越人类极限的同情，即对低等动物的仁慈，似乎是最新获得的道德修养之一。很明显，除了对他们的宠物，野蛮人是不会有这种感受的。古罗马人对它所知甚少，从他们那令人发指的角斗表演就可以看出。就我所知，潘帕斯草原上的大部分高乔人对人性这个概念还很陌生。[②]

事实上，人类的同情心就像狗和黑猩猩一样是有选择性的。人类可以真诚而深刻地关心一些有情识的生物，同时他们也会践踏其他生物。

达尔文在文章中继续写道："这种美德（对低等动物的仁慈），是人类与生俱来的最高尚的美德之一，似乎偶然地从我们的同情心中产生，变得越来越温柔，越来越广泛，直到扩展到所有有情识的生物。"但正如他所认识到的那样，人类对所有有情识的生物的同情，无论何时何地，是"最新的道德收获之一"。这是一种不受自然选择驱动的文化特质。令人不安的是，它仍然对文

---

①最近在剑桥本地的报纸上有一篇关于一只麂鹿被车撞得重伤的报道。它不停地尖叫了好几个小时，直到被兽医杀死。大概它是在痛苦中尖叫。但为什么呢？在什么样的可能情况下，这种行为具有生物学上的适应性？我没有答案。

② Charles Darwin (1871). *The Descent of Man, and Selection in Relation to Sex* (London: John Murray).

化修正持开放态度。

所以,对于"伯尼认为我有情识吗?"和"它在乎吗?"的问题,我想我可以安全地说答案是"是的"。但我应该补充一点,它关心的原因是它关心有情识的我,而不是因为它关心一般的情识。如果问题是"我认为伯尼有情识吗?"和"我在乎吗?",答案也会是"是的"。但是,如果我诚实的话,限制条件也同样适用。

尽管如此,我们都会关心(即使关心是有条件的)这一事实证明了我们是从自己有情识的立场出发的。

最后一个问题:关于死亡和情识的消失,伯尼知道什么或者可能知道什么?

我家在爱尔兰有一个度假屋,附近住着一只名叫杰克(Jack)的小猎犬和它年迈的主人汤姆(Tom)。我们经常看到他们在湖边散步,狗跟在主人身后小跑。老人死于心脏病后,那只狗被邻居收留了。在接下来的两年里,不管风吹雨打,杰克每天都会回来,坐在它曾经的家外面的小路上。它被车撞死的时候正坐在那里。

汤姆死的那天晚上,杰克看见他倒下了。当他躺在地板上时,它舔了舔他的脸。它看见救护车把尸体拉走了。它一定知道出事了。几天过去了,汤姆没有出现,这对狗来说再清楚不过了,它的主人不再像往常那样行事了。但是,杰克永远不会想到的是,汤姆的自我已经完全消失了,在它看到被带走的尸体里,现在已经没有人在那里了,没有人能使身体重新站起来,也没有人记得杰克的舔舐。

我猜杰克和伯尼一样是天生心理学家,而永久遗忘的可能性是天生心理学家没有准备好的。当你看到一具没有生命的尸体时,你在自己的经历中找不到任何与之匹配的东西。你从来没有死亡的一手经验。你所知道的最接近的事情可能就是睡眠。虽然涉及暂时遗忘,但睡眠是一种误导性的死亡模式:你总是能从这种状态中醒来。

因此,如果非人类动物不明白死亡的意义,我们不应该感到惊讶。它们一定会对事态的发展感到困扰,甚至愤怒。它们有时确实会把死亡与睡眠混淆,并期望能把死者从睡梦中摇醒。一段非同寻常的视频显示,一只恒河猴试图救活另一只在印度铁路上方的高压线上行走时触电身亡的猴子。猴子被电昏了,掉在铁轨上。它的同伴把它拎起来,扇了它一巴掌,不断地往它身上泼水。

猜猜看。在这种情况下,令人惊讶的是,触电的猴子复活了。"永不言败"这句格言似乎偶尔也会奏效。也许这足以解释其他动物照顾濒死者的例子。当海豚把死去的幼崽放在水面上时,或许并不像亚里士多德所说的那样,是为了防止幼崽被吃掉,而是希望幼崽能醒过来。当大象照料死去已久的家族成员的骨头时,也许其还在期待着骨头能爬起来,重新披上皮肤。

在很多方面,人类对死亡的理解并不比伯尼好到哪去。但在一个大的方面,人类对事实的了解要多得多。人类在社会中保留和传递知识的能力意味着他们完全知道死人是不会复活的,每个人最终都会死亡,最重要的是,这种事会发生在自己身上。人类肯定知道这并不等同于睡眠,有充分的理由相信遗忘会是永久性的。除非——有一种绝妙的可能性——自我可以逃到来世。

人们如此广泛地相信,自我可以在肉体死亡后继续存在,并在另一个世界中继续存在,这是一个大胆而辉煌的猜想。作为一个成功的文化基因,它有几点优势。

首先,常识。你从一手经验中所知道的一切都说明了自我的持久力。如果你的自我消失了,就像它有时会发生的那样,它可以重新启动。就好像自我是守恒的,如同物质守恒一样。因此,当你的自我不再与你在地球上的身体相连时,它一定以离体的形式存在于其他地方——天堂、极乐世界、英灵殿,或祖先的家园。

其次,安慰。如果某件事重要,那它就是重要的。在你活着的时候,你高度重视的那个自我,不会因为你的死亡就变得不重要。值得庆幸的是,在另一个世界里,你的自我可以永远对自己和他人很重要。的确,有些愤世嫉俗的人,如我们之前见过的布罗德教授,声称不希望这样:"就我自己而言,如果我发现在某种意义上,自己在肉体死后仍然存在,我会感到恼火而不是惊讶。"但我们不必相信布罗德的话,如果检验一下,我认为这种烦恼不会持续下去。

最后,无从辩驳。地球上没有任何东西能证明继续活着的信念是错误的。与此同时,有足够多的例子表明,死者的自我明显干涉了生者的事务,这表明它一定是正确的——祈祷得到回应,精神交流。即使这样的事很罕见,并不是每个人都能目睹,但每次,继续活着的信念的证据基础都变得更强了。

因此,毫不奇怪,这种信仰确实在很早的时候就根植于人类心灵当中,也许早在人们讨论这个问题的时候就有了。我们知道人类在大约五万年前就开始用陪葬品埋葬死者了。但我们可以有把握地认为,这个想法在那之前很久就存在了。从那时起,它就一方面为焦虑的人类提供对存在的绝望的解药,另一方面提供一种强大的激励,让他们表现得值得称赞,以获得可能在观看的死者的认可。这无疑对个人和社会都有切实的好处。

事实上,我认为在人类演化的后期阶段出现了一场完美的风暴。10万年前,人类的心理已经在以下几个方面具有独特性:人类不仅聪明伶俐,而且非常感性,有高度的自尊心、复杂的心智理论、广泛的同情心,而且处于发展一种语言文化的起点,这种文化能够提供关于灵魂、死亡和生存的观念。但在这一套东西每一方面的背后,都是由身体感觉的品质所创造的现象自我。因为这一套东西促进了人类的健康,任何能使自我更卓越、更有说服力的东西都将被自然选择大量采用。我认为,这就是现象意识演化到人类如今所知的非凡大小和形状的一个非常特殊的语境。①

---

① 对人类来说,另一个因素可能是需要对抗自杀的想法。我讨论了为什么只有人类会产生死亡的意愿,以及现象自我的心理防御作用。参见 Nicholas Humphrey (2017). The Lure of Death:Suicide and Human Evolution,*Philosophical Transactions of the Royal Society*,B,373,20170269.

第22章　详细盘点

我承认,我曾经也有这样的想法,人类可能是地球上唯一有情识的动物。笛卡儿可能一直是对的,他声称非人类动物是无意识的机器;丹尼特可能是对的,人类语言对感官体验质量的影响之大,可能是任何动物都无法比拟的。然而,当我注视我们所讨论过的一切时,这些极端的想法就消失了。虽然我认为我们应该接受,甚至是拥抱,人类比其他任何动物都更有情识也更能认知到这一点的观点,但我们已经列出足够的理由来确定不只有人类才具有这些。其中最主要的就是我们在前两章中审查过的那些证据。

诚然,关于非人类动物的情识的正面证据是不完整的。这可能不是我们所希望的,但它就在那里。我们不能让人类情识的明亮光芒削弱我们从其他动物那里探测到的强光。一些动物在我们的检验中脱颖而出,包括黑猩猩、狗、鹦鹉。有些获得了荣誉提名——老鼠、海豚、猴子。的确,大多数动物根本不具有情识。刺猬能通过这些检验吗?鸵鸟、狗鲨能吗?没有具体的实证研究,我们无法确定。但我们是演化论者。事实上,至少对一些哺乳动物和鸟类,我们有良好的证据,这意味着我们可以根据分类学对其他哺乳动物和鸟类做出有根据的猜测。确实有令人信服的证据表明,那些与该物种有共同祖先的动物很可能是有情识的。

在第15章中,在我们讨论证据之前,我曾在理论基础上提出,现象意识仅限于温血动物。在脑变暖之前,这不存在生理上的可能性,在动物相对摆脱环境的限制之前,也不存在生态学上的可能性。

如果这是正确的,那么最简单的演化场景就是,情识很早就在哺乳动物和鸟类的主干中出现了,此后一直是它们后代的普遍特征。这意味着,我们如果能确定任何哺乳动物或鸟类都有情识,就可以很肯定地说,所有6000种哺乳动物和10000种鸟类都是如此。但也有一种可行的替代方案。那就是说,情识实际上在哺乳动物和鸟类中出现过几次,但不是在演化树的主干中,而是在后来产生的分支中。

正如我们前面所讨论的,一旦条件成熟,感觉的升级将是演化中相对容易的一步,也就是说,一旦脑做好了准备,就能从现象自我中有所收益。但这个条件可能没有立即得到满足,最早的哺乳动物和鸟类可能还没有准备好生活在有自我的社会中。在这种情况下,一些向前发展的分支可能完全错过了情识,直到今天仍然没有情识。

不管怎样,我倾向于相信第二种情况。如果事实证明还有一些奇怪的哺乳动物和鸟类没有通过我们的测试,我也不会感到惊讶。并非所有哺乳动物和鸟类都有情识。只是大部分如此。[1]

无论什么时候发生,情识总要从某个地方开始。温血性的到来恰好为一个决定性的时刻准备了条件。正如丹尼特总结的那样:

在演化过程中出现了一个巨大的分歧:温血哺乳动物和鸟类确实有时间和精力逃到现象意识的精致设计空间,而世界上的其他动物就不得不满足于各种僵尸的聪明才智。这当然是一个令人吃惊的想法,如果汉弗莱是对的,那么成为一只章鱼就没什么感觉了(尽管它的行为很有欺骗性),但作为一只鸡还是有感觉的。[2]

对许多人来说,这太令人吃惊了。我一遍又一遍地听到的反对意见恰恰是,把章鱼排除在外。

章鱼的情识问题在过去对大多数人来说几乎不是一个问题,通过新的科学发现及关于人类与这些异形生物相遇的流行故事,这个问题已经被推上了

---

①彼得·沃林(Peter Walling)和肯尼斯·希克斯(Kenneth Hicks)检查了一系列不同动物的中枢神经系统的电活动,在脑电中寻找吸引子的证据。虽然这可能只与现象意识下的感觉运动吸引子有遥远的关系,但他们的发现是有趣和相关的。参见 Peter T. Walling (2020). An Update on Dimensions of Consciousness, *Baylor University Medical Center Proceedings*, 33, 1, 126—130.

②Daniel Dennett, letter to Toby Mundy, 2021.

舞台的中心。①

彼得·戈弗雷–史密斯（Peter Godfrey-Smith）是一位哲学家和博物学家，他对澳大利亚周围海域的章鱼进行了广泛的观察。彼得·戈弗雷–史密斯做了大量工作，让人们注意到章鱼可能是有意识的，即使不是以与我们相同的方式，但至少在某种程度上我们应该承认和尊重。

戈弗雷–史密斯是个狂热分子，他认为章鱼是生物设计的奇迹，但他也是一个科学怀疑论者。他研究的生物在脑和身体上与人类截然不同，他知道人类的直觉很可能是一个糟糕的向导。事实上，他建议不要过分解读章鱼表面上的"聪明"：

> 人们现在经常说章鱼"聪明"，在某些方面确实如此。但这不是我脑海中出现的词语……章鱼是一种善于探索的动物，无论遇到什么，它们都会用自己复杂的身体来应对。它们摆弄和尝试各种事情，一遍一遍地用身体而不是心智探索问题……在大多数情况下，它们并不是那种善于思考和"聪明"的动物。②

尽管如此，在弱化关于章鱼一般智能的夸张说法的同时，他指出了几个与我们的情识检验相一致的行为领域。他特别指出，章鱼爱玩耍、爱社交，并且很狡猾。

但是真的是这样吗？你如果希望他的意思是章鱼在这些方面很像狗，那就要失望了。

作为爱玩耍的证据，他列举了章鱼对探索新奇事物的兴趣。然而，没有任何迹象表明章鱼寻求感官体验是为了强化它们对自己感受能力的了解，而不是对外面世界的了解。作为爱社交的证据，他举了一个例子，一只雌性章鱼向一只雄性章鱼扔垃圾，这显然是想让雄性章鱼后退。然而，没有证据表明章鱼曾经与其他章鱼合作或形成亲密关系。作为狡猾的证据，他引用了一些轶事证据，表明章鱼在躲藏时可能会顾及人类是否能看到它。但没有任何

---

①一些流行的说法当然过于浪漫。2020 年，Netflix 的电影《我的章鱼老师》(*My Octopus Teacher*)据说记录了章鱼如何与人类成为朋友。就像电影《E.T. 外星人》一样，这是一个美好的精心制作的故事。的确，章鱼这种从不与同类交朋友的物种，竟然与人类建立了这样的关系，这是多么不可思议啊。但是，正如制作人在博客中解释的那样，这很大程度上是虚构的，是剪辑室里组装的艺术品。

②Peter Godfrey-Smith (2020). *Metazoa:Animal Minds and the Birth of Consciousness* (London:Collins).

证据表明章鱼理解成为另一只章鱼是什么感觉。

因此,从字面上看,章鱼并不是感受质论者(qualiaphiliacs),它们不是天生心理学家,不像对待自己一样对待对方,也不在乎对方。因此我必须说,它们有情识和拥有现象自我的可能性是微乎其微的。[①]

戈弗雷-史密斯实际上对此非常谨慎。"十年来,我一直跟踪章鱼,观察它们……这让我毫不怀疑章鱼在体验着它们的生活,它们在广义上是有意识的。"[②]但这是有哲学倾向性的。这意味着它们是认知上有意识的(我认为这是很有道理的)还是现象上有意识的(根据证据,这是不可信的)?

令人失望的是,在他的著作《后生动物》(Metazoa)——这些论述就是来自这本著作——他没有做出这种区分,而是与那些理论家站在了同一条线上,那些理论家认为现象意识只是在复杂的脑中突然出现的东西——一种脑活动的内在属性,而不是脑所表征的感觉的属性。事实上,他嘲笑作为表征的感受质概念。"感受质不是需要解释的额外事物,而是某种程度上由物理系统的运作产生的。相反,感受质是系统的一部分。"[③]在我看来,这根本解释不了什么。

---

① 唯一一个让我犹豫了一下的章鱼行为的例子,那就是它们会把椰子壳带到一个新的地方,然后藏在里面,这可能表明它们有一种旅行的自我感。"我们反复观察到,居住在软沉积物中的章鱼携带着半块椰子壳,只在需要时才将它们组装起来作为庇护所。"参见 Julian K. Finn, Tom Tregenza and Mark D. Norman (2009). Defensive Tool Use in a Coconut-Carrying Octopus, *Current Biology*, 19, R1069—R1070.

② Godfrey-Smith (2020). *Metazoa : Animal Minds and the Birth of Consciousness* (London : Collins).

③ Godfrey-Smith (2020). *Metazoa : Animal Minds and the Birth of Consciousness* (London : Collins).

第23章　机械神

一辆自动驾驶的汽车通过 GPS 导航，可以说有了着眼点。它知道自己在哪里，要去哪里。汽车的"心智"会诊断出潜在的威胁，并发出警报：汽油不足、轮胎过热，轮胎亏气。这些可能预示着一个更严重的问题：引擎故障，需要停下来寻求帮助。它如果检测到有可能发生碰撞，可能会猛踩刹车并弹开安全气囊。

这些都不需要现象意识。车是无情识的，但是机器有情识吗？

在这本书中，我一直关注的是通过自然选择演化而来的活的动物具有情识的可能性。我提出的理论旨在说明由神经细胞组成的温血脑如何产生现象意识。在提出这个理论时，我一直在考虑如何让脑表现出与有情识的体验相符的行为和态度。

当然，脑的材质必须能够胜任这项工作（例如，传导速度必须足够快），但脑并不一定必须由神经细胞构成。如果这个理论是正确的，那么在原则上，一个拥有硅或其他合适材料制成的脑的机器人，就可以被工程师设计成拥有相同的体验，并因此以相同的方式行动。

但这里的关键词是"设计"。在讨论过程中，我们考虑并否定了这样一个观点：现象意识可能不请自来，仅仅作为迅速增长的智能或更复杂的信息加工的必然结果。在动物演化进程中，意识是相对较晚才加入的，涉及专门的回路，选中这个回路是因为其会对动物心理产生影响。假定机器人的脑中有一个模块，可以复制这种特殊回路的功能，那么我们有理由认为机器人会像动物一样具有现象意识。

工程师的任务是创建一个功能副本。当机器人的感官受到刺激时，它的脑会做出所有有情识的动物会做的事情,将发生在它身上的事情表征为一种具有现象品质的感觉,整合到自我的观念中,并由此产生态度和行为。简言之,最终目标是设计一个人工脑,对人工脑而言,对于"接下来会发生什么"这个问题可以得到与有情识的动物一样的答案。

不用说,这是一项艰巨的任务,设计出这样的脑在短期内是不可能的。首先,通过神经科学和理论建模的共同努力,我们必须仔细研究支持我们所假设的动物现象意识的回路。其次,当我们确切地知道这些回路在做什么时,工程师不得不找到一种方法,设计让人工脑做同样的事情。

然而,让我们想象一下,50年后,在一个秘密研究实验室工作的工程师宣布他们已经完成了这项工作,创造了一个有情识的机器人。在不了解机器人内部结构的情况下,我们如何确定他们是否成功?

这个问题与我们在评估非人类动物的情识时遇到的问题非常相似。然而,有一件事可能会让这变得更容易处理。几乎可以肯定,设计一个理解人类语言的机器人要比设计一个有情识的机器人容易得多。因此,我们可以合理地假设,有情识的机器人已经内置了语言。哲学家苏珊·施耐德(Susan Schneider)和埃德温·特纳(Edwin Turner)提出了一系列对话检验。[1]他们写道:

通过内省,我们每个人都能掌握意识的本质;我们都能从内心体验到存在的感觉。

基于意识的这一本质特征,我们提出了一项机器意识测试,即人工智能意识测试(ACT),该测试着眼于我们创造的合成心智是否能从内部对它的感受进行基于体验的理解,从而证明自己是有意识的。

一个引人注目的迹象表明,功能正常的人类体验意识在于几乎每个成年人都可以快速和容易地掌握以这种感受意识的品质为基础的概念,尽管这并不经常被注意到。这些概念包括一些场景:心智转换身体[例如,电影《辣妈辣妹》(Freaky Friday)]、死后的生命。无论这些场景是否真实,对于一个没有任何意识体验的存在者来说,它们都是难以理解的。这就像期待一个生来

---

[1] Susan Schneider and Edwin Turner (2017). Is Anyone Home? A Way to Find Out If AI Has Become Self-Aware, *Scientific American Blog Network*, 19 July.

就完全失聪的人欣赏巴赫协奏曲一样。

　　因此,ACT测试将用一系列要求越来越高的自然语言交互来挑战人工智能,看它能多快、多容易地掌握和使用那些基于我们与意识联系在一起的内部体验的概念和场景。在基本层面上,我们可以简单地问机器,它是否把自己想象成除了物理自我之外的其他东西。在高一级层面上,我们可能会看到它如何处理上一段提到的概念和场景,评估其推理和讨论哲学问题(如"意识难问题")的能力。在最苛刻层面上,我们可能需要看到机器能否不依赖人类的观念和输入,自己发明并使用这种基于意识的概念。

　　你将会明白我为什么喜欢这些建议!但我还想补充一点。施耐德和特纳,像大多数哲学家一样,在推测有意识机器人的可能性时,没有考虑到机器人的起源。他们没有问为什么有人想要在机器中安装现象意识,所以不会要求证明机器人是否按照设计的方式工作。他们没有强调现象性意识的感官维度,也没有考虑询问机器人是否会表现出"感受质论"的证据。例如,机器人是否喜欢有意识,是否会特意去听音乐。但更严肃的是,他们也没有考虑机器人在与他人打交道时如何利用其现象自我。所以,他们没有注意到诸如同理心和读心等实际问题。

　　但这有错过重点的风险。在我看来,机器人的现象自我不仅是伴随情识而来的作为意外奖励的第二特征。事实上,我想这正是我们想要制造一台有情识的机器的原因。工程师为什么要这么做?也许这只是一种虚荣心——建造一台与自己相似的机器。但这不大可能让项目获得资金!我能想到的最好的理由是,他们打算研究动物(包括人类)的情识演化过程,并与我们一样对现象自我在培养自尊心和加深社会关系中所起的作用感到印象深刻。

　　正是这些与我们人类有关联的机器人的可能性——从现象自我到自我——会带来资金支持。在未来的几十年里,机器人可能会越来越多地融入人类生活。机器人也可能发现自己正与机器人社区中的其他机器人互动。适应性最强的机器人将是那些拥有个体感觉和天生心理学家的基本技能的机器人,其能够在一定程度上读懂人类和其他机器人的心智,并被其他人读懂。

　　一旦机器人生活在自主机器人的聚居地,机器人与机器人之间的主体间性就可能会变得特别重要。人类已经把机器人送入太空,使它们在人类无法生存的环境中替我们执行任务。终有一天,我们会想要在遥远的星球上建立机器人的永久殖民地,它们的任务是为自己建立新的生活,只是偶尔与家乡的人类接触。

如果这些机器人想要走自己的路,迎接重大的智能挑战和物质挑战,它们就必须拥有探索之心,需要具备科学想象力和哲学反思能力。但这可能会带来危险。因为机器人在这些方面越像人类,机器人传教士就越有可能以自己的方式屈服于存在主义的绝望,屈服于关于它们的生命是否有意义的黑暗想法。

这就是工程师的全部抱负吗?对于这个问题,我可以看到另一种不同原因——道德上的,而不是实际的,为什么人类有一天会被驱使去建造有情识的机器人?

我在序言中这样写道:

假设存在于地球上的意识只是演化过程中的一次意外。宇航员弗兰克·博尔曼(Frank Borman)从阿波罗8号的窗口望出去,说道:"地球是宇宙中唯一有颜色的东西。"严格来说,这不可能是真的。但是,地球是唯一存在颜色感觉的地方,这可能是真的,甚至可能是唯一存在感觉的地方,包括甜味、温暖、苦味、疼痛。

在接下来的内容中,我们找到了几个论据来支持这个假设。我们虽然不必怀疑宇宙中还有许多其他形式的生命,但已经看到,生命的演化,即使是智能生命,也不一定需要演化出现象意识。在地球上,一系列"幸运"的突破为现象意识的演化铺平了道路,就像在哺乳动物和鸟类中所做的那样。在地球上,如果同样的条件都成立,这个序列很可能会重复。但是,地球环境以外,世事难料。在宇宙的其他地方演化出现象意识的可能性微乎其微。

有一天,在遥远的未来,由于太阳的老化(或者不久之后的自然灾害或人类管理不善的结果),地球上的生命将不可避免地灭绝。展望那一天,知道生活将在其他的地方继续下去,也许是一种安慰。然而,如果我们有理由怀疑外星生命是完全没有情识的,那就不那么令人欣慰了。

因此,我倾向于认为,人类,作为一种宇宙的慷慨行为,将通过在宇宙中"播种"有情识的机器人,来阻止现象意识的灭绝。

我们中很少有人会像托马斯·曼那样把人类放在如此高的地位。但假如他写了,"最终的目标就是现象意识,并由此启动了一场伟大的实验,实验的失败将是创造本身的失败",那我将会跟随他。即使自然演化的特征是"有意图"的这个想法肯定是错误的,我猜想达尔文本人也可能把现象意识看作一种"终极"成就,是自大爆炸开始的演化过程的无上荣耀。

这是一项如此崇高的发明,如果它不复存在,那确实会削弱整个天地造化。

第24章　伦理律令

　　玛丽·奥利弗（Mary Oliver）写道，如果对石头的看法是错误的，那"太可怕了"[①]。我同意，如果我们对章鱼、龙虾、蝗虫或世界上任何其他被我们的分析排除在这个俱乐部之外的生物的看法是错误的，那就太可怕了。我也担心我可能会错过一些东西。我承认，每次打开新一期的《动物情识》（*Animal Sentience*）杂志，我都会兴奋不已，不知道能不能在其中找到打动我的东西。

　　然而，我不得不说，在这一点上，我没有太多的期待。我在书的开头提出了一系列引导性问题，我已经准备好对我们已经得到的答案掌握所有权了。

　　我在一开始就提出，人类有义务关照所有有情识生物这一点并不是"不言而喻的"。但当我们发现现象意识是如何演化的以及它的作用时，情况就不一样了。

　　我们已经看到，现象性自我的工作是重要的：首先，对它的主人重要；其次，对其他具有亲缘自我的相关个体也是至关重要的。作为一种进化适应，这就是现象意识对生物生存的贡献。现象自我存在是为了受到关注。

　　当然，这并不意味着人类或其他有情识的动物会自动地关心其他人的自我。事实上，正如我们看到的，他们通常不会，同情心是有选择性的。即使对人类来说，情识也不会强迫我们的手或心。

　　然而，人类的伦理来自其他地方。我们的行为合乎道德，如果我们这样做的话，不是出于本能（这意味着我们别无选择），而是出于理解。我们选择关心一些非人类动物的感受而不是所有，因为——无论对错——我们认识到

[①]Mary Oliver（2020）. Do Stones Feel?, in *Devotions：The Selected Poems of Mary Oliver*（New York：Penguin）.

它们也像我们一样拥有自我,然后我们被一些早已称为金科玉律的基本原则所指导。我们认为自己有义务以(如果我们处在它们的位置)我们所希望被对待的方式来对待其他有情识的动物。

在这本书中,我们探讨了人类关于情识的信念在多大程度上是合理的。我们削弱了其中一些,而让另外一些有了更坚实的科学基础。我虽然在一开始时说"我们不仅缺乏直接的证据,甚至在意识能延伸到什么程度方面缺乏一致意见",但现在很高兴地收回这个观点。我们概括的演化理论意味着我们不再是在黑暗中摸索。

许多人(也许是绝大多数)早已相信他们非常了解成为一条狗是什么感觉——感受被刺扎的疼痛、河水的寒冷、哨子的声音。他们是对的吗?我想说,我们有科学依据来证明他们是对的。在关键方面,人类真的可以进入狗的意识。因此,我们在科学上发现了令人信服的理由,为什么我们应该把我们的道德关怀延伸到狗身上。出于同样的原因,我们发现了为什么我们不需要对章鱼给予同样的关怀。

当然,情识不是一切。人类有很多理由关心这个世界上动物的福利,不管它们是否有现象意识。我们应该关心它们,即使没有情识意味着我们没有理由去关心它们。作为地球生命赖以生存的网络的一部分,作为生物设计本身的奇迹,作为美丽的事物,作为人类走向未来的共同航海家,我们应该照料它们。

然而,情识仍然是重要的。有现象意识的动物对我们有绝对要求,而无情识的动物却没有。因此,狗的幸福对我们来说应该比章鱼更重要,因为狗对自己的重要性是章鱼所没有的。如果你是一只有情识的狗,那你希望人类善待自己;如果你是一只没有情识的章鱼,你就不会这样。

这提醒我们人类要正确对待情识。我们必须相信,我们关于世界上谁是有情识的信念基于良好的智能。我再说一遍:犯错很可怕,但不负责任不可能正确。关于情识程度的不合理信念只会扭曲我们与自然世界及未来人造世界的正确关系。①

我不打算说教。当涉及伦理问题时,科学只能提出建议,同时我们每个人作为有思想的个体要自己做出决定。

所以,交给你了,没有人比你更清楚。我不打算以一种消极的态度来结束这本书。

我曾经写过一篇关于人类学家格雷戈里·贝特森(Gregory Bateson)的著作《心智与自然》②的书评。贝特森坚持认为,自然界是一个巨大的心智,由于它是一种有意识的存在,所以作为人类,我们应该像尊重一个有意识的存在者那样尊重自然。我说:"我知道,有充分的理由不砍伐亚马孙森林,但认为这种破坏等同于心理外科手术的想法不在其中。"

贝特森在报纸的信件专栏中回复我,指责我把逻辑置于诗歌之前。他说,下面的论证是一个糟糕的逻辑,但却是一首好诗:"人会死。草会死。人是草。"我反过来回应说,下面的论证是糟糕的逻辑和糟糕的诗歌:"人会死。萝卜会死。人是萝卜。"

贝特森寄给我一张漂亮的明信片:"亲爱的尼克,讲得好。我希望我们还是朋友。就像一个萝卜对另一个萝卜。"

哲学家,尤其是研究意识的人,需要一点幽默感。

---

① 英国的《动物福利法案(承认情识)》就是一个恰当的例子。根据伦敦经济学院一个工作组的报告,这一法案于2021年修订,涵盖了章鱼和龙虾等。Jonathan Birch, Charlotte Burn, Alexandra Schnell, et al. (2021). *Review of the Evidence of Sentience in Cephalopod Molluscs and Decapod Crustaceans* (London:LSE Consulting). 作者并没有试图分析情识的概念,而是在一开始就简单地指出"有情识就是拥有感受"。从那以后,他们用"感受"(feeling)这个词语来表示任何一种效价的心智状态,而不仅仅局限于具有现象属性的感觉。因此,他们把对人类感受的类比留给读者,就像他们自己做的那样。他们继续提供了一个全面的证据回顾,例如,龙虾对"疼痛刺激"有适应性反应,但他们无法确定的是,龙虾是否会像人类一样意识到疼痛,更不用说龙虾是否拥有一个他们所关心的现象自我了。

② Nicholas Humphrey (1979). New Ideas, Old Ideas, *London Review of Books*, Vol. 1, No. 4, 6 December.

致　谢

　　这本书已经酝酿了一段时间,写作至此,我无法尽数所有支持过我的人。丹·丹尼特多年来一直与我定期联系,我们几乎每天都有交流。读了我的书,尤其对部分内容提出建议的人有:保罗·布罗克斯、汤姆·克拉克、基思·弗兰克什、山姆·汉弗莱(Sam Humphrey)、杰弗里·劳埃德(Geoffrey Lloyd)、克里斯·麦克马纳斯、迈克尔·普罗克斯(Michael Proulx)、尼克·罗密欧(Nick Romeo)和克里斯·赛克斯(Chris Sykes)。我的经纪人托比·芒迪(Toby Mundy)一直鼓励我写这本书,并自始至终支持我。多亏了牛津大学出版社的莱莎·梅农(Latha Menon)和麻省理工学院出版社的菲利普·劳克林(Philip Laughlin)的友情支持,这本书才得以付梓。

译后记

尼古拉斯·汉弗莱（Nicholas Humphrey），伦敦政治经济学院荣休教授，当代意识研究领域顶尖的理论心理学家，专注于人类心智和意识的演化，是"智能社会功能"理论的提出者，他曾与戴安·弗西一起在卢旺达研究山地大猩猩，并根据研究结果首次证明猴子在脑损伤后出现"盲视"现象。他出版的著作包括《重获意识：心智的发展篇章》（*Consciousness Regained : Chapters in the Development of Mind*, 1983）[1]、《内在之眼：演化中的社会智能》（*The Inner Eye : Social Intelligence in Evolution*, 1986）[2]、《一个心智的历史：进化和意识的演化和起源诞生》（*A History of the Mind : Evolution and the Birth of Consciousness*, 1992）[3]、《信念的飞跃：科学、奇迹以及对超自然安慰的探索》（*Leaps of Faith : Science, Miracles, and the Search for Supernatural Consolation*, 1999）[4]、《看见红色：一项意识研究》（*Seeing Red : A Study in Consciousness*, 2006）[5]、《灵魂之尘：意识的魔法》（*Soul Dust : The Magic of Consciousness*, 2011）[6]、《情识：意识的发明》（*Sentience : The Invention of*

---

[1] Nicholas Humphrey (1983). *Consciousness Regained : Chapters in the Development of Mind* (Oxford : Oxford University Press).

[2] Nicholas Humphrey (1986). *The Inner Eye : Social Intelligence in Evolution* (Oxford : Oxford University Press).

[3] Nicholas Humphrey (1992). *A History of the Mind : Evolution and the Birth of Consciousness* (New York : Copernicus).

[4] Nicholas Humphrey (1999). *Leaps of Faith : Science, Miracles, and the Search for Supernatural Consolation* (New York : Copernicus).

[5] Nicholas Humphrey (2006). *Seeing Red : A Study in Consciousness* (Cambridge : Harvard University Press).

[6] Nicholas Humphrey (2011). *Soul Dust : The Magic of Consciousness* (Princeton : Princeton University Press).

Consciousness，2022)①等。他曾获得马丁·路德·金纪念奖、英国心理学社会图书奖、普芬道夫奖、国际心智与脑奖等多项殊荣。

汉弗莱是一位古典修养深厚、人文情怀浓郁的科学家，是《边锋》(*Edge*)主编约翰·布罗克曼(John Brockman)提出的"第三种文化"(the third culture)②的典范。拉马钱德兰(Ramachandran)称赞他"兼具雪莱、济慈的浪漫精神和夏洛克·福尔摩斯的犀利智慧"。欧文·弗拉纳根(Owen Flanagan)说他"极富创意地将认知神经科学、文学及哲学中的诸多工作融合在一起"。

《情识：意识的发明》是一部具有学术自传色彩的著作。在书中，汉弗莱对自己的意识研究、意识理论和意识观进行了回顾性的阐述和反思。在意识"难问题"或意识与物质世界(脑)之关系的问题上，汉弗莱在保持一贯的物理主义基本立场的同时从心智演化的视角提出了一系列巧妙构思，力图给出一个圆满的形而上学方案。但在我们看来，他最终还是陷于一个矛盾的境地：一方面，他因为秉持物理主义而认为意识是一种错觉，即意识不过是一场神奇的魔法表演，"物理的脑欺骗人们相信那些实际上并不存在的品质"；另一方面，他又强烈地认识到意识体验的种种品质是如此真切真实，离开蕴含在意识体验中的这些真切真实的品质，生命的价值不复存在。随着书中汉弗莱对其个人学术成长故事的娓娓道来，我们一再领会到汉弗莱在其物理主义的理智与生命的情感之间的无法挥去的矛盾况味，即作为错觉论者的汉弗莱对这个世界保有最真切的诗意和情怀。

对"sentience"及其形容词"sentient"的中文翻译颇费琢磨。之前在一些地方，我们根据词典将"sentience"译为"感觉能力"(或"感知能力")，但"感觉能力"只强调一切生命体对环境的感知和认知的一个方面，而忽略了它与环境之间的情感和价值。此外，"sentience"既涉及(认)"识"，也涉及"情"(感)，即一切生命体对世界和自身的一种富有情(感)的(认)识。我们在翻译这本书时突然想到，用"情识"来翻译"sentience"或许更贴切一些。

---

① Nicholas Humphrey（2022）. *Sentience：The Invention of Consciousness*（Oxford：Oxford University Press）.
②所谓"第三种文化"，简单说就是一种兼容纯粹的人文文化和科学文化的新文化形态。倡导和实践"第三种文化"的人力图打破人文与科学的分野，用更加包容的精神来理解人性。他们是一批非典型的科学家、哲学家和思想家，涉猎广泛，不被学科领域所限，具有贯通的思想品质。

汉弗莱在书中的第一章就谈到一个心智状态（mental state）是"识"与"情"的统一。一方面，心智状态给主体提供了关于环境刺激的信息，譬如关于刺激的分布、刺激的强度、刺激的身体位置等信息；另一方面，最重要的是，心智状态反映了主体是如何评价环境刺激的。这个统一表明，任何认识都是某个主体（"我"）的认识，即任何心智状态都是一个"我识"或"我思"的状态，而面对世界和在世界中生存和生活的"我"当然是一个秉赋价值尺度的行动者（agent）。

鉴于 sentience 为识与情的统一体，我们可以将"sentient being"与梵语的"sattva"对应起来。在佛典传译中，"sattva"音译为"萨埵"，旧译"众生"，玄奘新译为"有情"，以代称"众生"。这样，我们认为"sentient being"可比较好地对应中文的"众生""有情"或"有情众生"。所谓有情，即一切有情识者——一切生命体。

汉弗莱的意识理论既有哲学从大处着墨的思辨性，也有科学于细微处洞察的实证性，这构成了汉弗莱作为理论心理学家的意识研究的鲜明特色。哲学与科学的混合犹如洪钟与弦乐的交响曲，为了不至于迷失在他的交响叙事中，我们在这里勾勒一下其交响曲的脉络。

交响曲的第一乐章是感觉与知觉的分离。汉弗莱对意识体验本质的理解，一方面，受到 18 世纪苏格兰哲学家托马斯·里德的影响和启发；另一方面，来自其关于盲视的实证研究的证据。汉弗莱认为，日常意识体验实际上混合了知觉和感觉两种成分，知觉指向外部世界（客体），揭示出关于环境和身体的信息和属性；而感觉指向内部世界（主体），揭示出主体对环境刺激的反应和感受。"感觉是关于主体感官上发生了什么的心智状态。知觉则是关于外部世界中对象的存在。"而意识的一个根本方面是有机体对自身身体上发生了什么的感受。"换言之，知觉是对外部世界发生的事情的判断，而感觉则是对有情众生内部产生的感受的判断。"尽管心智状态是这两个方面的统一，但它们的功能和性质却不能浑沦不辨。鉴于此，汉弗莱将意识区分为两个方面，即认知意识和现象意识，前者对应于知觉，后者对应于感觉。正如大卫·查默斯指出的，理解意识真正困难的地方不是认知意识而是现象意识。汉弗莱自己也说：

然而意识的根本性质依然是一个科学之谜。问题不在于我们全然不理解意识,它的某些方面还是相对易于解释的。问题在于它还有一个至今仍然让所有人困惑的方面,即意识的"感受"(feel)或"现象特征"(phenomenal character),或依照哲学家托马斯·内格尔的说法,"像是什么"(what it is like)。生物学家H. 艾伦·奥尔(H. Allen Orr)在近期关于内格尔的著作《心智与宇宙》(*Mind and Cosmos*)的一则书评中说出了大多数科学家的看法,他写道:"我……在此认同内格尔的神秘感。脑、神经元与意识显然有着千丝万缕的关系,但这样的纯粹客观的存在和属性究竟是如何产生出怪诞迥异的主观体验的,这一点似乎完全让人无法理解。

交响曲的第二乐章是一个巧妙的感觉演化故事,意识就产生于这个故事。故事起源于一种基础的负载情感的行为反应,包括以下几个阶段。

第一,有机体对到达身体表面的环境刺激的自动反应,该反应发生在体表处,既包含了有机体对环境刺激的分类(环境刺激是什么),同时也反映了有机体对环境刺激的"态度"(环境刺激对有机体的价值和意义)。

第二,为了应对日益复杂的环境挑战,有机体演化出反射弧,这样之前有机体对环境刺激的体表自动反应就转化为通过中央神经节或原脑调节后的反射弧,汉弗莱将中央神经节或原脑的调节称为"内感化"。

第三,为了适应更复杂的环境,本能的反射行为开始捉襟见肘,有机体必须发展出比程式化的反射弧更灵活的行为策略。有机体如果想展现更灵活的行为策略,就需要以一种可以离线查阅的形式存储有机体对环境刺激的信息和反应;也就是说,有机体需要一种方式来"记住"发生在其身体表面的事件信息和它做出的评价性反应,而只要通过检测自己对环境刺激的反应,有机体就可以知道环境刺激及自己对环境刺激的反应(评价)是什么。于是,当原脑或更复杂的脑发送产生反应的指令时,有机体要做的就是复制一个输出指令信号的"输出副本",如此一来,心智表征能力就以这种机制出现了。输出指令信号的"输出副本"既包含了刺激是什么的信息,也包含了有机体对刺激反应的信息。汉弗莱认为"输出副本"中的反应信息就是感觉。

第四,更进一步,"输出副本"被保留,反应越来越内化和私化——有机体对环境刺激做出的体表反应转变为脑内的行动"策略";脑中的虚拟身体反应代替了实际身体反应,由此反应线路开始缩短,线路无须到达身体表面,而是将目标集中在离输入感觉神经越来越近的点上,直到最终整个过程作为内部线路被限制在脑中。内化和私化过程最终导致在脑内建立的关于环境刺激的虚拟模型的出现,有机体具有操作虚拟表征的能力,从而为符号思维等高水平心智能力奠定了基础。

第五,在输入感官信号与输出的运动信号之间建立了一个反馈环路,从而使脑的内部活动日益递归,出现了高维稳定的神经动力学模式,即所谓的"吸引子"状态,汉弗莱将该状态称为"自我谜物"。以人为例,如今输出指令信号最远投射到的神经地图仅仅局限在前运动皮层上,这些输出指令信号与来自感觉器官的输入信号在感觉—前运动皮层相互作用,从而立刻在皮层区创造出一个自我缠绕的环。一旦反应被内化和私化并建立反馈环路,意识随之降临。

在对感觉和意识的演化寻踪之后,交响曲的第三乐章是给出一个瓦解意识"难问题"的心脑等式的证明。意识科学的前提在于,"意识——从科学的观点看,无论多么令人费解和神秘——是一个自然的事实",因此自然主义是意识科学的必要哲学基础。威廉·詹姆斯(William James)在《心理学原理》(*The Principles of Psychology*)中就曾提出,"思想与脑状态共存,这是我们科学的最终法则"。这意味着心—脑等价(mind-brain equivalence)的一元论。为了应对现象意识对物理主义的"虚假"挑战,汉弗莱试图通过追踪心智的起源和演化来证明心—脑等价性:心智状态与脑状态彼此对应,心智状态 $m=$ 脑状态 b,它们具有共同的量纲(dimension)。

汉弗莱认为,现象意识是原始的生物感觉 —— 或原生感觉(raw sensation)—— 的演化后裔,而原始的生物感觉是主体对作用于身体表面的刺激做出的一种评价性的身体反应。如此一来,感觉也是物理性的,因为它是一种身体反应或身体表达。尽管现象意识所对应的脑状态已经演化为一种内化的、虚拟化的或私化的身体反应,但在本质上它是物理性的,因此,现象意识的量纲与脑状态的量纲是相同的。这样,汉弗莱完成了对"心智状态 $m=$ 脑状态 b"这一等式的证明,从而维护了物理主义。既然物理主义是完备的,同时又证明了现象意识状态等于脑状态,那么也就不存在"纯粹客观的存在和属性究竟是如何产生出怪诞迥异的主观体验"问题了,而那种"认为存在超越物理主义解释范围之外的主观体验或现象意识"的直觉不过是一种错觉罢了。

交响曲的第四乐章是现象意识的功能。从生物演化适应的角度看,既然意识,特别是现象意识,是存在于高等生物中的自然事实,那么它必定具有服务于生物的生存和适应的生物功能。首先,现象意识——"观察"自身机体状态和所做的反应——赋予有机体一种明确的主体感(a sense of subject)或自我感(a sense of self),从生物学的角度看,就是有机体对其机体状态和神经反应的"观察"以及在此基础上形成的对内化的虚拟反应策略的"选择",在应对环境的不确定性和复杂性时,这个功能显然相较于本能的反射弧具有更明显的主动性、新颖性和灵活性。其次,现象意识是同理心的基础,因为能"观察"自己才能"观察"他人,从而为"己所不欲勿施于人"奠定条件。正如汉弗莱自己所言:

> 我们通过内省发现自己的私密故事。当我们想为他人的心智建模时,我们就通过想象自己的来建构他人的心智。我们假定他人是一个有意识的主体,他以我们已经习得的方式思考和感受。然后,我们解读他的心智状态,这些心智状态是我们处于他的处境时也会拥有的,并且我们预料,他从这些心智状态中所产生的思想和行动也遵循从我们的心智状态产生的方式。我们之所以可以这样做是因为,也只是因为,我们自己亲身体验过这些心智状态,并亲眼看到它们是如何联系在一起的。

显然这种基于现象意识的同理心或读心能力使具有意识的生物比无意识的生物能形成更强有力的协作和互助的共同体乃至文化,从而使得有意识的生物比无意识的生物能更好地生存和适应。

交响曲的终章是意识的超现实主义(surrealism)。面对始终存在的现象意识的真切性与物理主义信念之间的矛盾张力,汉弗莱也在不断调整自己的主张。他将自己关于意识(特别是现象意识)的"错觉论"(illusionism)转向一种更微妙的"超现实主义",超现实主义艺术对自然的再创作往往比现实更生动,现象意识就是这样一种让自然更生动的艺术和魔法。超现实主义是汉弗莱作为物理主义者最后的诗意,借着对艺术的咏叹,他希望能对物理主义与现象意识之间的张力给出圆满的说明。

在以往的著作中,汉弗莱将意识的"自我谜物"所制造的现象属性称为一种"错觉"。尽管感觉的现象属性并非客观地反映外部世界,而是我们对内化和虚拟反应的读取,但它在表明确实存在外部的环境刺激的同时揭示了我们对环境刺激的评价及我们与环境的价值关系,因此在生命的意义上,现象意识必定是真实的,这就是"超现实主义"的含义。为什么自然选择会这样呢?汉弗莱给出的回答是,拥有建构这些虚拟世界能力的祖先"将会更加严肃认真地对待自己的存在。现象意识的品质越神秘、越超凡脱俗,自我就越重要。自我越重要,人们对自己和他人生活的重视程度就越高"。

终章是一场虚无与意义的协奏。在宇宙中,人类的存在就是这般矛盾的境况——渺小与伟大、物质与诗意、高亢与低沉、意气风发与灰心丧气。对于意识之谜,汉弗莱不断地沉吟,他似乎认为已经给出了至少说服自己和让自己满意的答卷。而我们认为,他的著作极富启发性,值得我们虚心涵泳,切己体察!

本书的第1至第11章由浙江理工大学的徐怡副教授翻译,第12至第23章由杭州电子科技大学张静副教授翻译。徐怡对整个译稿的相关规范做了统一处理。在此基础上,浙江大学李恒威教授对初译稿进行了细致的译校,并对文字进行了一些润色。此外,张静和李恒威还为该书写了一篇英文书评《揭开意识的神秘面纱:一个演化的视角》("Unveiling the Mysterious Veil of Consciousness:An Evolutionary Perspective"),发表在《哲学心理学》(*Philosophical Psychology*)上。翻译的不当和失误本不应该,但既难免,期待读者的包涵和直言不讳的指正。

本书的翻译获得国家社科基金重大项目"马克思主义认识论与认知科学范式的相关性研究"(22&ZD034)、国家社科基金一般项目"心智的生命观研究"(20BZX045)、科技部科技创新2030"脑科学与类脑研究"重大项目(2021ZD0200409)、教育部哲学社会科学研究青年基金项目"当代意识科学中的佛教心学研究"(19YJC730009)、"中央高校基本科研业务费专项资金资助项目"等基金的大力支持,我们对这些资助深表谢忱!

李恒威　徐　怡　张　静

2023年7月8日